これ一冊で
必勝!!!
認知機能検査
&
運転技能検査

JAF メディアワークス

はじめに

75歳以上の免許更新制度が変わった

2022年5月に、75歳以上の運転免許証の更新制度が新しくなった。これまでの「認知機能検査」の他に一定の違反歴がある人が対象の「運転技能検査」が加わり、それぞれ点数によって免許証更新の可否を判定される。運転を続けたい高齢ドライバーにとっては、不安や緊張を伴う関門となる。

新制度導入の背景には、今後も増加が見込まれる高齢ドライバーによる、死亡事故発生率の高さがある。事故を減らすため、高齢ドライバーの認知機能だけでなく運転技能の低下にも着目した対策だ。とはいえ、高齢ドライバーに運転をあきらめさせるのが目的ではない。

高齢になれば脳の機能や運動能力が衰えるのは避けられない。検査を通して現在の自分の運転技能を認識するよい機会と捉えよう。

スムーズな免許更新と安全運転のために

本書は、運転免許証の更新にあたり、徹底対策で検査をスムーズに突破し、更新後も安全運転を心がけてもらうことを目的としている。

そのために、「認知機能検査」と「運転技能検査」それぞれの検査の目的から当日の手順までを詳細に説明している。

「認知機能検査」は、簡素化されて問題数が少なくなった。出題内容は変わらないので、それを把握しておくことがアドバンテージになる。本書で予習し、日常生活でも脳を鍛えておこう。

新設された「運転技能検査」は、全員が受けるものではない。過去3年以内に一定の違反行為をした人だけが対象だ。図解を用いて内容を分かりやすくし、さらに実践アドバイスで必勝法を伝授する。

交通ルールを守ることは安全運転の大原則。「運転技能検査」の新設は、違反行為のある人に大事故のリスクが高いからだ。運転技能検査を受ける人も受けない人も、巻末の「これからも安全運転を続けるために」にもぜひ目を通してほしい。

※本書の内容は、警察庁および警視庁ホームページの2022年11月末日現在の情報に基づいている。最新の情報は同庁のホームページなどで確認を

Contents

Part 2

運転技能検査

2022年5月にスタート

これからも安全運転を続けるために

75歳以上の人の運転免許証更新の手順例

※検査・講習を受ける順番は一律ではない

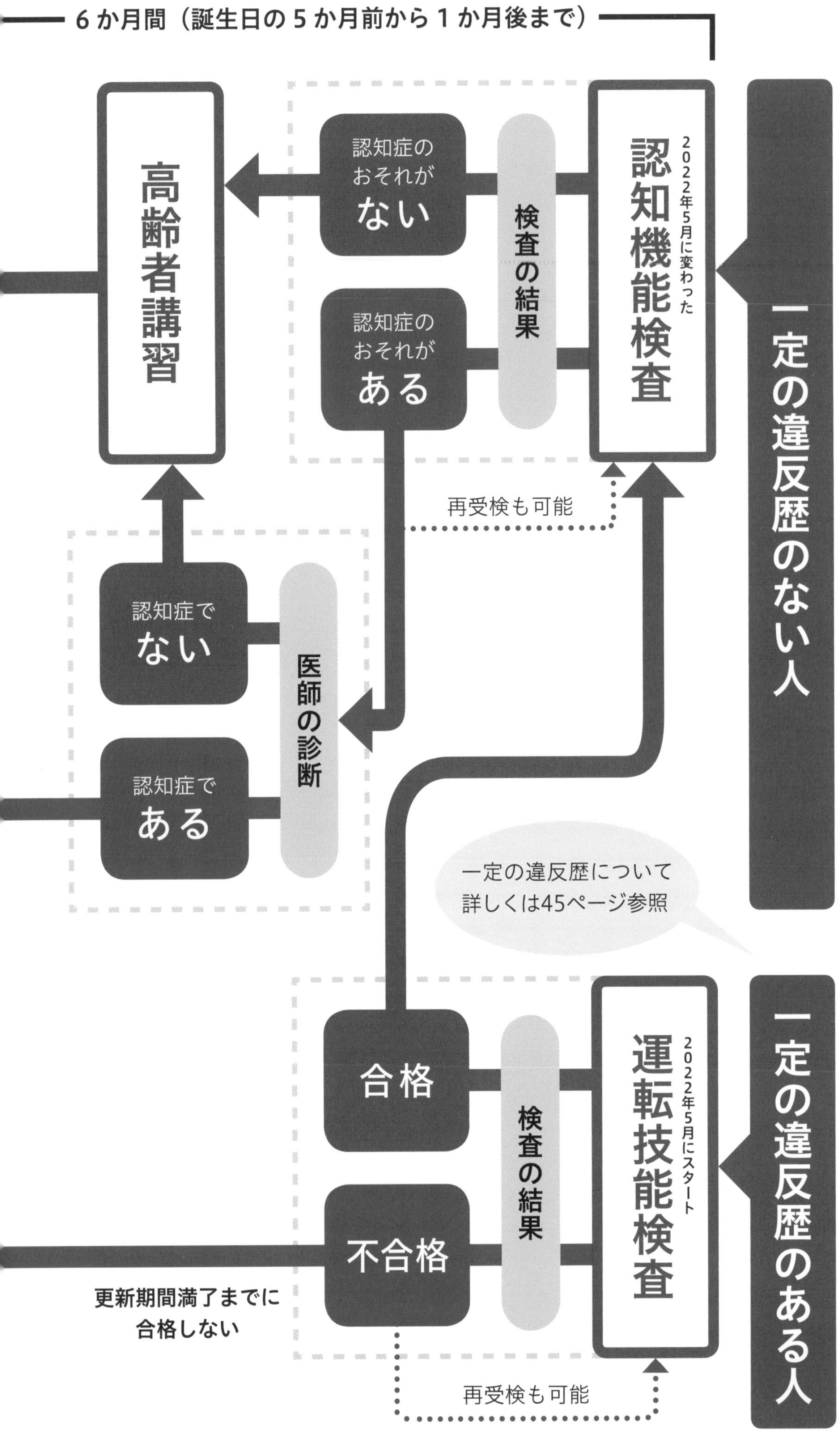

6か月間（誕生日の5か月前から1か月後まで）

一定の違反歴のない人

認知機能検査
2022年5月に変わった

検査の結果

認知症のおそれがない

認知症のおそれがある

高齢者講習

再受検も可能

医師の診断

認知症でない

認知症である

一定の違反歴について詳しくは45ページ参照

一定の違反歴のある人

運転技能検査
2022年5月にスタート

検査の結果

合格

不合格

更新期間満了までに合格しない

再受検も可能

詳しくは
P10 ～ 37

認知機能検査

受検者の認知機能の状況を確認する検査。点数に応じて、「認知症のおそれがある」または「認知症のおそれがない」のいずれかを判定する。
「認知症のおそれがある」と判定され、かつ医師による認知症との診断を受けると、運転免許証を更新できない。繰り返し受検することが可能。

検査項目
- 手がかり再生
- 時間の見当識

時　間：約 30 分
手数料：1,050 円
(標準額)

詳しくは
P38 ～ 41

高齢者講習

加齢に伴う身体機能の変化などについての講義や、検査器材による視力・視野の検査、実車による安全指導を受ける。
実車指導の内容は運転技能検査と同じ。

講習内容
- 講義
- 運転適性検査
- 実車指導

時　間：2 時間
手数料：6,450 円
(標準額)

詳しくは
P44 ～ 63

運転技能検査

2022 年 5 月に新たに導入された検査。過去 3 年間に一定の違反歴のある人が受検する。
実際のコースで運転し、一時停止や段差乗り上げなど 5 つの課題を行う。合格しなければ、運転免許証の更新を受けられない。繰り返し受検することが可能。

課題
- 指示速度による走行
- 一時停止
- 右折・左折
- 信号通過
- 段差乗り上げ

時　間：約 20 分
手数料：3,550 円
(標準額)

免許証の更新

免許の取り消し等

免許証を更新せず

※原付・小型特殊免許は
希望により継続

認知機能検査を受けるのは免許証更新時だけとは限らない！

臨時認知機能検査と臨時高齢者講習 75歳以上が対象

運転技能検査の対象となる「一定の違反歴」とは別に、下記の18の違反行為をした場合は、指定された日時・場所で臨時認知機能検査を受ける。その結果、認知機能の低下が見られた場合には、さらに医師の診断書の提出や、臨時高齢者講習を受けることになる。万一のケースに備え、いつでも認知機能検査を受けられるよう日々対策しておこう。

18の違反行為

1. 信号無視
2. 通行禁止違反
3. 通行区分違反
4. 横断等禁止違反
5. 進路変更禁止違反
6. 遮断踏切立入り等
7. 交差点右左折方法違反
8. 指定通行区分違反
9. 環状交差点左折等方法違反
10. 優先道路通行車妨害等
11. 交差点優先車妨害
12. 環状交差点通行車妨害等
13. 横断歩道等における横断歩行者等妨害
14. 横断歩道のない交差点における横断歩行者妨害
15. 徐行場所違反
16. 指定場所一時不停止等
17. 合図不履行
18. 安全運転義務違反

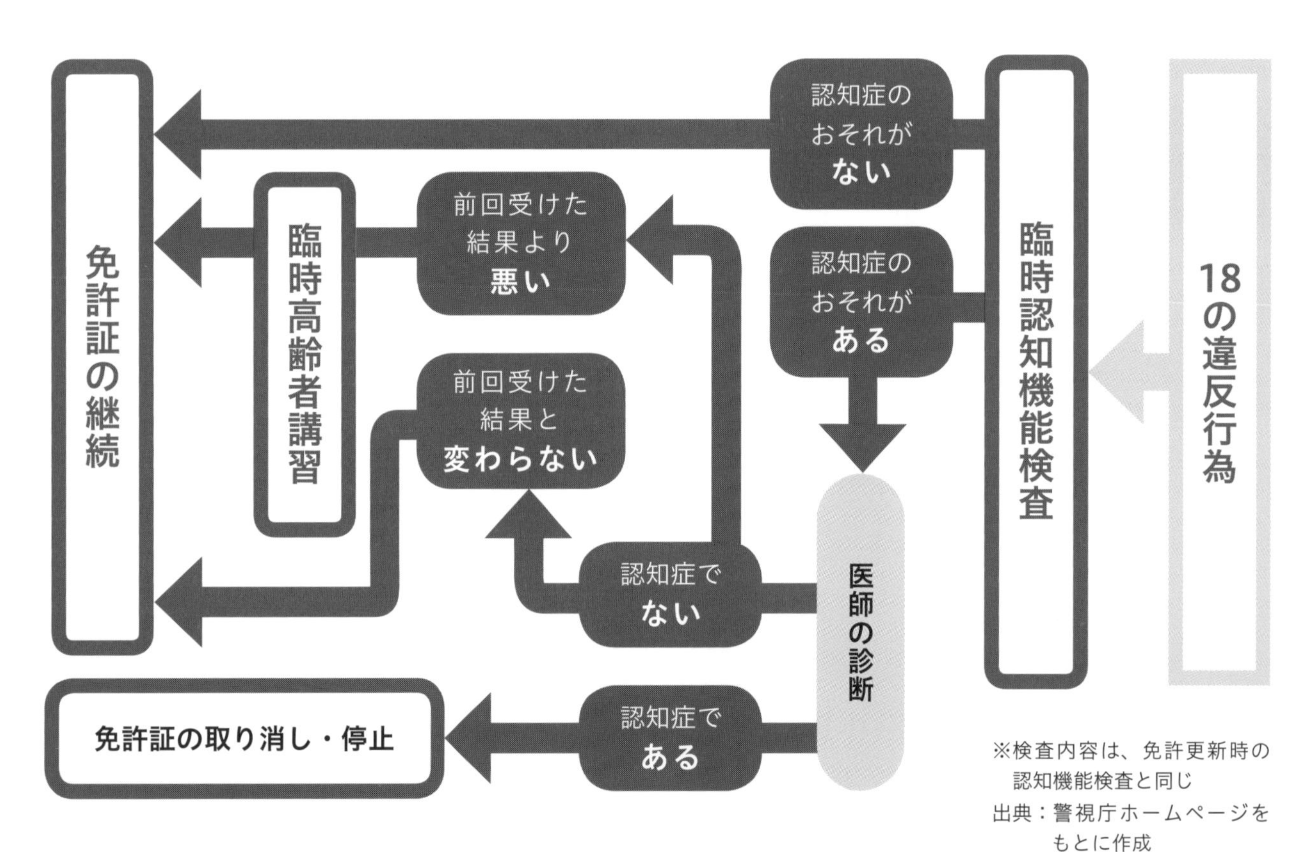

※検査内容は、免許更新時の認知機能検査と同じ
出典：警視庁ホームページをもとに作成

Part 1

2022年5月に変わった

認知機能検査と高齢者講習

75 歳以上の全員が受検・受講

- 臨時認知機能検査についても、検査内容は免許更新時の認知機能検査と同じ
- 受検・受講する自動車教習所等によって内容が異なる場合があるため、詳細は通知書に記載の連絡先に問い合わせを

なぜ認知機能検査を受けるの？

安全運転に必要な認知機能を確認する

認知機能とは、外部からの情報を脳で正しく理解する能力のこと。加齢などにより認知機能が低下すると、信号無視や一時不停止などの違反をしたり、進路変更の合図が遅れたりして、交通事故を引き起こす可能性がある。

認知機能検査は75歳以上のドライバーが対象。その目的は、自分の認知機能を正しく把握して安全運転を続けられるよう支援すること。運転をやめさせるための検査ではないので、前向きに取り組もう。

検査の結果によっては医師の診断が必要に

認知機能検査は簡易的に認知症のおそれ「あり」「なし」を判定するもの。「おそれなし」と判定されれば、次の高齢者講習に進める。

「おそれあり」の場合は医療機関の受診が必要となる。医師に「認知症でない」と診断されれば高齢者講習に進めるが、「認知症である」と診断された場合は運転免許の取り消し等となる。

18の違反行為を犯した場合も同様の検査（臨時認知機能検査）を受けることになる。

認知機能が低下するとこんなリスクが

- アクセルとブレーキを間違える
- 車間距離を一定に保てなくなる
- 曲がる際にウインカーを出し忘れる
- 壁やフェンスに車体をこすることが増える
- 反対車線を走ってしまう（走りそうになる）
- 駐車場所に合わせて車をまっすぐ止められなくなる
- 右折時に対向車の速度と距離の感覚がつかみにくくなる
- 急発進、急ブレーキ、急ハンドルなど、運転が荒くなる
- 高速道路などでの合流が苦手になる
- 交差点で歩行者や自転車を見落としやすくなる

など

Q 検査で認知症の「おそれあり」と判定されると？

A 医師の診断を受け、認知症と診断されなければ免許証を更新でき、認知症と診断されると免許の取り消し等となる。また認知機能検査は、免許証更新の期間内であれば、手数料はかかるが、何度でも再受検できる。その結果が「おそれなし」ならば、医師の診断は不要となる。

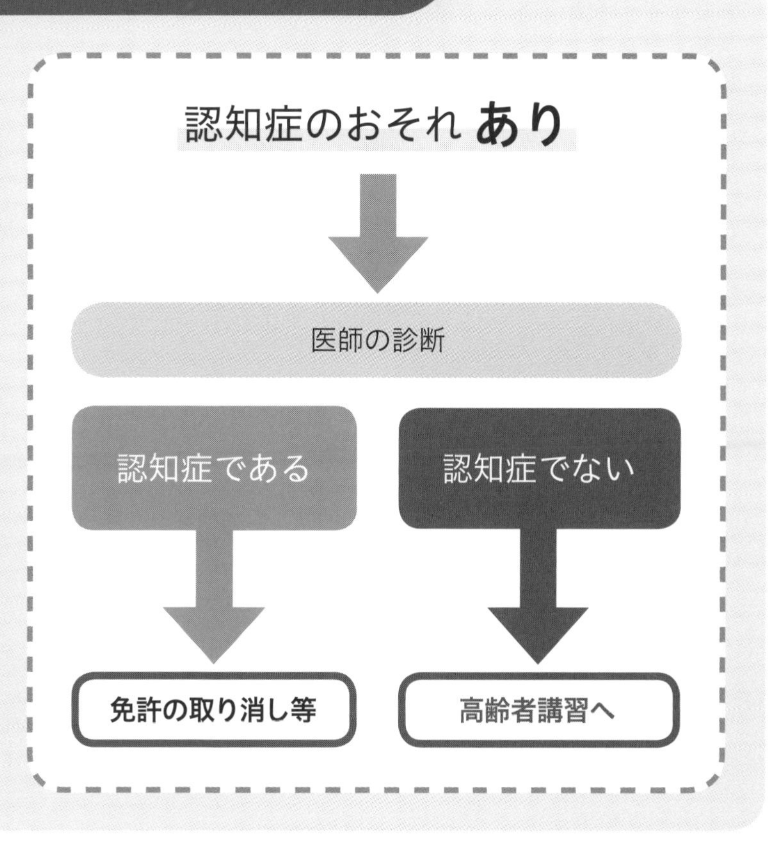

認知機能検査はいつ受けるの？

3年に一度、免許証更新の際に受ける

75歳以上の人は、3年ごとに運転免許証の更新が必要となり、そのたびに認知機能検査を受けなければならない。

なお、認知症ではない旨が記載された医師の診断書を事前に提出すれば、認知機能検査が免除される。

免許証更新期間満了日の半年前から受検できる

認知機能検査は、免許証更新期間満了日（更新年の誕生日の1か月後）の6か月前から受検できる。満了日の約190日前に通知書が届くので、記載された指示に従って、自動車教習所等へ受検日時の予約を入れよう。都道府県によっては日時と場所が指定されている場合もある。

通知書が届いたら先延ばしせず、速やかに手続きを進めることが大切。自動車教習所等は予約が埋まっていることが多く、のんびりしていると満了日までに更新できなくなる可能性もある。また、いざ当日になって急用が入ったり、体調を崩したりしたら、改めて予約を取り直さなければならない。受検日は早めの日にちに設定しよう。

認知機能検査と免許証更新の流れ

※検査・講習を受ける順番は一律ではない

更新期間満了日の
約 190 日前

自宅で通知書を受け取る
※「運転技能検査」（43 ページ以降参照）の受検が必要な人も同時期に通知される

認知機能検査、高齢者講習を予約する

教習所等で認知機能検査を受検する

自宅または教習所等で検査結果を受け取る
※「認知症のおそれあり」の場合、医療機関を受診

教習所等で高齢者講習を受講する

運転免許センター、運転免許試験場、
指定警察署等で
免許証の更新手続きをする

誕生日の１か月前

誕生日

誕生日の１か月後

6か月間

2か月間

更新期間
満了日

認知機能検査ではどんな問題が出るの？

記憶力と時間の感覚を問う2つの問題が出る

認知機能検査では、記憶力を検査する「手がかり再生」と、時間の感覚を検査する「時間の見当識」の問題が出る。

1つ目の検査「手がかり再生」では、初めに16個の絵が表示されるのでそれを記憶する。次に、一定の時間を空けるために「介入課題」に取り組む。この課題は指示された数字に斜線を引く作業で、できてもできなくても採点には影響しない。

その後、最初に覚えた16個の絵の名前を、まずはヒントなしで回答。続いてヒントを手がかりに回答し、どれだけ記憶できているかを調べる。

検査前にカレンダーと時計を見ておこう

2つ目の検査「時間の見当識」では、検査実施時の年、月、日、曜日、時間（時刻）を回答する。検査中はカレンダーや時計を見られないので、直前に必ず確認しておこう。時間については、検査開始時刻から30分以上ずれていなければ正答となる。

事前説明から用紙の回収まで、全体の検査時間は20～30分ほどかかる。

認知機能検査の流れ

1 検査についての説明

携帯電話と時計をカバン等にしまうように指示がある。
眼鏡や補聴器が必要な人はあらかじめ出しておくこと。

2 名前、生年月日の記入

3 検査①　手がかり再生

●絵の記憶（約 5 分）

● 介入課題（約 2 分）
たくさん数字が書かれた紙の中から、
指示された数字に斜線を引く。

● ヒントなしの回答（約 3 分 30 秒）
最初に覚えた絵の名前を答える。

● ヒントありの回答（約 3 分 30 秒）
最初に覚えた絵の名前を答える。

4 検査②　時間の見当識

年、月、日、曜日、
時間（時刻）を答える（約 3 分）。

5 検査用紙の回収

検査結果は書面で、当日に手渡し
または後日送付により通知。

認知機能検査の検査方式は？

ペーパーとタブレット2種類の方式がある

認知機能検査には、検査用紙によるペーパー検査と、端末装置によるタブレット検査の2種類がある。どちらで検査が行われるかは会場によって異なるので、会場に直接確認するのがおすすめ。

タブレット検査はリアルタイムで採点

ペーパー検査は集団で一斉に行われる。人数は一部屋あたり最大20人まで。検査員が口頭で説明・進行し、回答用紙に鉛筆で答えを記入する。

タブレット検査は、集団受検と個別受検の場合がある。ヘッドホンの音声に従って検査を進め、電子ペンで画面に直接文字を書き込んで回答する。音量を自由に調整し、ガイダンスを聞き直すこともできるので、個人のペースに合わせて進められるメリットがある。タブレットに慣れていない人も、検査員が使い方を丁寧に教えてくれるので心配はいらない。分からないことがあったら、検査中に質問することもできる。

また、自動的に採点されるため、基準点に達すれば回答の途中でも検査が終了する。

ペーパー検査とタブレット検査の違い

	ペーパー検査 	タブレット検査 
共通点	●問題内容 ●制限時間 ●採点方法と判定基準	
相違点	●複数人が同時進行で受検 ●検査員が説明・進行 ●検査用紙に鉛筆で記入 ●全問題に回答する ●複数人で採点・判定	●個々のペースで受検 ●音声ガイダンスが説明・進行 ●タブレットに電子ペンで記入 ●基準点に到達した時点で終了 ●自動採点・判定※ ※総合点が36点に達しない場合のみ、文字認識に誤りがないことを複数人で再確認の上、判定する

Q 認知機能検査での持ち物は？

A 当日の持ち物は、認知機能検査等の通知書に記載されているのでよく見ておこう。一般的には以下の通り。

- ☑ 認知機能検査等の通知書
- ☑ 運転免許証
- ☑ 手数料
- ☑ （必要に応じて）眼鏡、補聴器

認知機能検査でよりよい結果を出すには？

必勝!!!　受検時の心がけ

●当日に備えて体調管理を

薬やお酒の影響で脳の働きが一時的に鈍ることもあるので要注意。

●時間に余裕を持って会場へ

ぎりぎりの時間で慌てるのは避けたいもの。遅刻すると、その回は受検できなくなる場合が多い。予約の取り直しになるので気をつけよう。

●受検前にはリラックス

あまり緊張すると本来の力を発揮できなくなる。軽いストレッチや深呼吸などで落ち着いて臨もう。

●分からないことは質問を

説明の声が聞きづらい、機器の操作や回答方法が分からないなどはためらわずに申し出よう。

●検査の練習をしておこう

認知機能検査の内容は全て公開されていて、突然変わることはない。本番までに練習をしておけば、当日の不安を解消できるだけでなく、記憶力と判断力を鍛えて認知症を予防することにもつながる。

例えばこんな練習を

検査①　手がかり再生

16個の絵（30～37ページ参照）をいくつ記憶できるかの検査。絵を覚えて、しばらく他のことをした後に思い出す練習をしておくとよい。練習時であれば絵の名前を声に出すと、記憶に残りやすい。

検査②　時間の見当識

検査時の日時を回答する検査。認知機能が衰えると、日時を正しく把握できなくなる。日ごろから日時を意識し、「今日は○年○月○日○曜日」、「今は○時○分」と声に出して感覚を鍛えておこう。

実際の検査用紙は次ページから

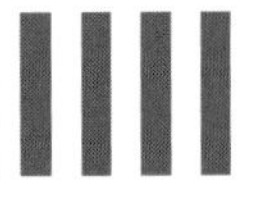

認知機能検査の問題

実際に検査を受けるつもりで
検査用紙に回答を記入してみよう。

練習してみよう！

回答時の注意点

- 見える場所にカレンダーや時計を置かない。
- タイマーなどを使って制限時間内に回答する。
  （制限時間は各用紙の横に記載）

【表紙の記載】
検査用紙への記入をしていただきます。最初は「名前」と「生年月日」です。ふりがなはいりません。間違えたときは、二重線で訂正して書き直してください。消しゴムは使えません。これからの検査で間違えた場合も、同じように書き直してください。

認知機能検査検査用紙

名前	
生年月日	大正 昭和　　　年　　月　　日

諸注意
1　指示があるまで、用紙はめくらないでください。
2　答を書いているときは、声を出さないでください。
3　質問があったら、手を挙げてください。

認知機能検査の問題

検査① 手がかり再生【絵の記憶】

これから、いくつかの絵をご覧いただきます。一度に4つの絵です。それが何度か続きます。後で、何の絵があったかを全て答えていただきますので、よく覚えるようにしてください。絵を覚えるためのヒントもお出しします。ヒントを手がかりに、覚えるようにしてください。

例題
イラストパターンA

【ヒント】

この中に、
楽器があります。
それは何ですか？
オルガンですね。

この中に、
電気製品があります。
それは何ですか？
ラジオですね。

この中に、
戦いの武器があります。
それは何ですか？
大砲ですね。

この中に、
体の一部があります。
それは何ですか？
耳ですね。

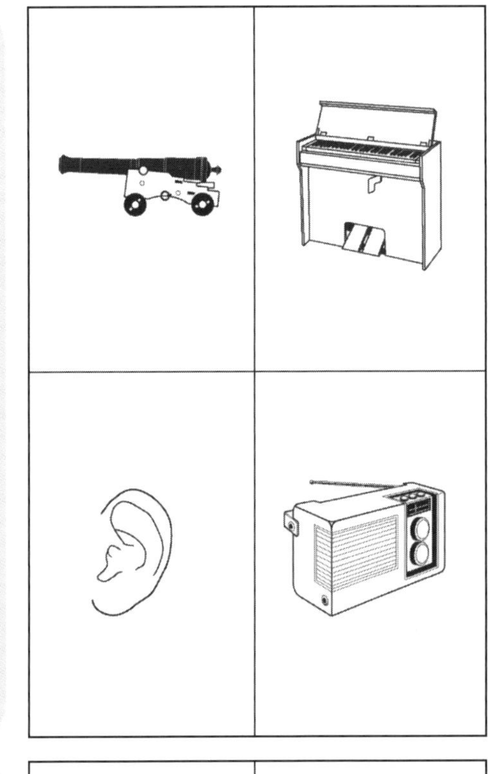

1枚目

大砲　オルガン
耳　ラジオ

【ヒント】

この中に、
動物があります。
それは何ですか？
ライオンですね。

この中に、
野菜があります。
それは何ですか？
タケノコですね。

この中に、
昆虫があります。
それは何ですか？
テントウムシですね。

この中に、
台所用品があります。
それは何ですか？
フライパンですね。

テントウムシ　ライオン
タケノコ　フライパン

Point! イラストの組み合わせはＡ～Ｄの４パターンあり（30 ～ 37 ページ参照）、その中からどれか１つがそのまま出題される。検査員が任意で選ぶため、どれが出題されるかはそのときまで分からない。ヒントが出る順番は一律ではない。

【ヒント】

この中に、
果物があります。
それは何ですか？
ブドウですね。

この中に、
文房具があります。
それは何ですか？
ものさしですね。

この中に、
乗り物があります。
それは何ですか？
オートバイですね。

この中に、
衣類があります。
それは何ですか？
スカートですね。

３枚目

ものさし　オートバイ
ブドウ　スカート

見る時間 約1分

【ヒント】

この中に、
大工道具があります。
それは何ですか？
ペンチですね。

この中に、
花があります。
それは何ですか？
バラですね。

この中に、
家具があります。
それは何ですか？
ベッドですね。

この中に、
鳥があります。
それは何ですか？
にわとりですね。

４枚目

にわとり　バラ
ペンチ　ベッド

認知機能検査の問題

検査①　手がかり再生【介入課題】

これから、たくさん数字が書かれた表が出ます。私が指示をした数字に斜線を引いてもらいます。
例えば、「1と4」に斜線を引いてくださいと言ったときは、右の例示のように左上から順番に、見つけただけ斜線を引いてください。　（これを2回行う）

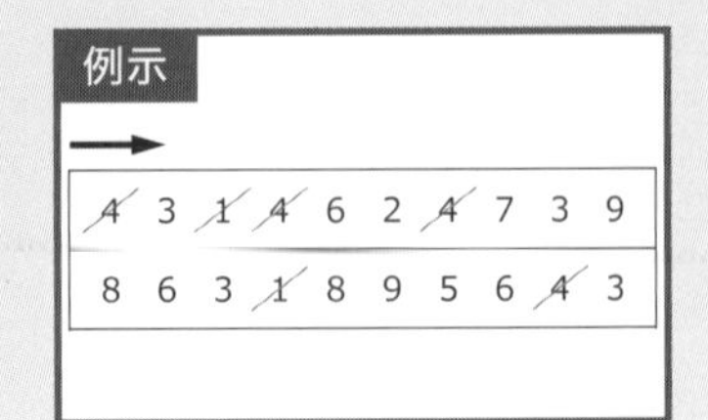

Point!　16個のイラストを記憶した後､回答するまでに一定の時間を空けるための課題。できてもできなくても採点には影響しない。

回答用紙 1

→

9	3	2	7	5	4	2	4	1	3
3	4	5	2	1	2	7	2	4	6
6	5	2	7	9	6	1	3	4	2
4	6	1	4	3	8	2	6	9	3
2	5	4	5	1	3	7	9	6	8
2	6	5	9	6	8	4	7	1	3
4	1	8	2	4	6	7	1	3	9
9	4	1	6	2	3	2	7	9	5
1	3	7	8	5	6	2	9	8	4
2	5	6	9	1	3	7	4	5	8

※ 指示があるまでめくらないでください。

例題

1回目「3と5に斜線を引いてください」

2回目「4と6と8に斜線を引いてください」

認知機能検査の問題

検査① 手がかり再生【ヒントなしの回答】

少し前に、何枚かの絵をお見せしました。何が描かれていたのかを思い出して、できるだけ全部書いてください。

Point!

- 回答は絵を見せられた順番を問わない。思い出した順に書いてよい。
- 回答は「漢字」でも「カタカナ」でも「ひらがな」でも OK。
- 書き損じた場合は、消しゴムを使わず、二重線を引いて訂正する。
- 全てを思い出せなくても空欄にはせず、何か回答しておこう。

回答時間 3分

回答用紙 2

1.	9.
2.	10.
3.	11.
4.	12.
5.	13.
6.	14.
7.	15.
8.	16.

※ 指示があるまでめくらないでください。

認知機能検査の問題

検査①　手がかり再生【ヒントありの回答】

今度は、回答用紙にヒントが書いてあります。それを手がかりに、もう一度、何が描かれていたのかをよく思い出して、できるだけ全部書いてください。

Point!

- 回答は「漢字」でも「カタカナ」でも「ひらがな」でも OK。
- それぞれのヒントに回答は１つだけ。
  ２つ以上書くと、たとえ正しい答えが含まれていても×になる。
- ヒントと回答は対応していなくても構わない。
  例えば「野菜」の欄に「果物」の答えが書かれていても○になる。
- 全てを思い出せなくても空欄にはせず、何か回答しておこう。

回　答　用　紙　3

1．戦いの武器	9．文房具
2．楽器	10．乗り物
3．体の一部	11．果物
4．電気製品	12．衣類
5．昆虫	13．鳥
6．動物	14．花
7．野菜	15．大工道具
8．台所用品	16．家具

※ 指示があるまでめくらないでください。

認知機能検査の問題

検査②　時間の見当識

この検査には、５つの質問があります。左側に質問が書いてありますので、それぞれの質問に対する答えを右側の回答欄に記入してください。よく分からない場合でも、できるだけ何らかの回答を記入し、空欄とならないようにしてください。

Point!

- 「何年」の回答は西暦でも和暦でもOK。
  「なにどし」かを聞いているのではないので、
  「うさぎ年」などと干支で回答しないように注意。
- 「何時何分」は「午前」「午後」の記載は不要。
  検査開始時刻から何分経ったか、おおよそで回答を。

回答用紙 4

以下の質問にお答えください。

質問	回答
今年は何年ですか？	年
今月は何月ですか？	月
今日は何日ですか？	日
今日は何曜日ですか？	曜日
今は何時何分ですか？	時　　分

採点基準と回答例

検査①　手がかり再生【ヒントなしの採点】

採点してみよう！

正答は 各２点

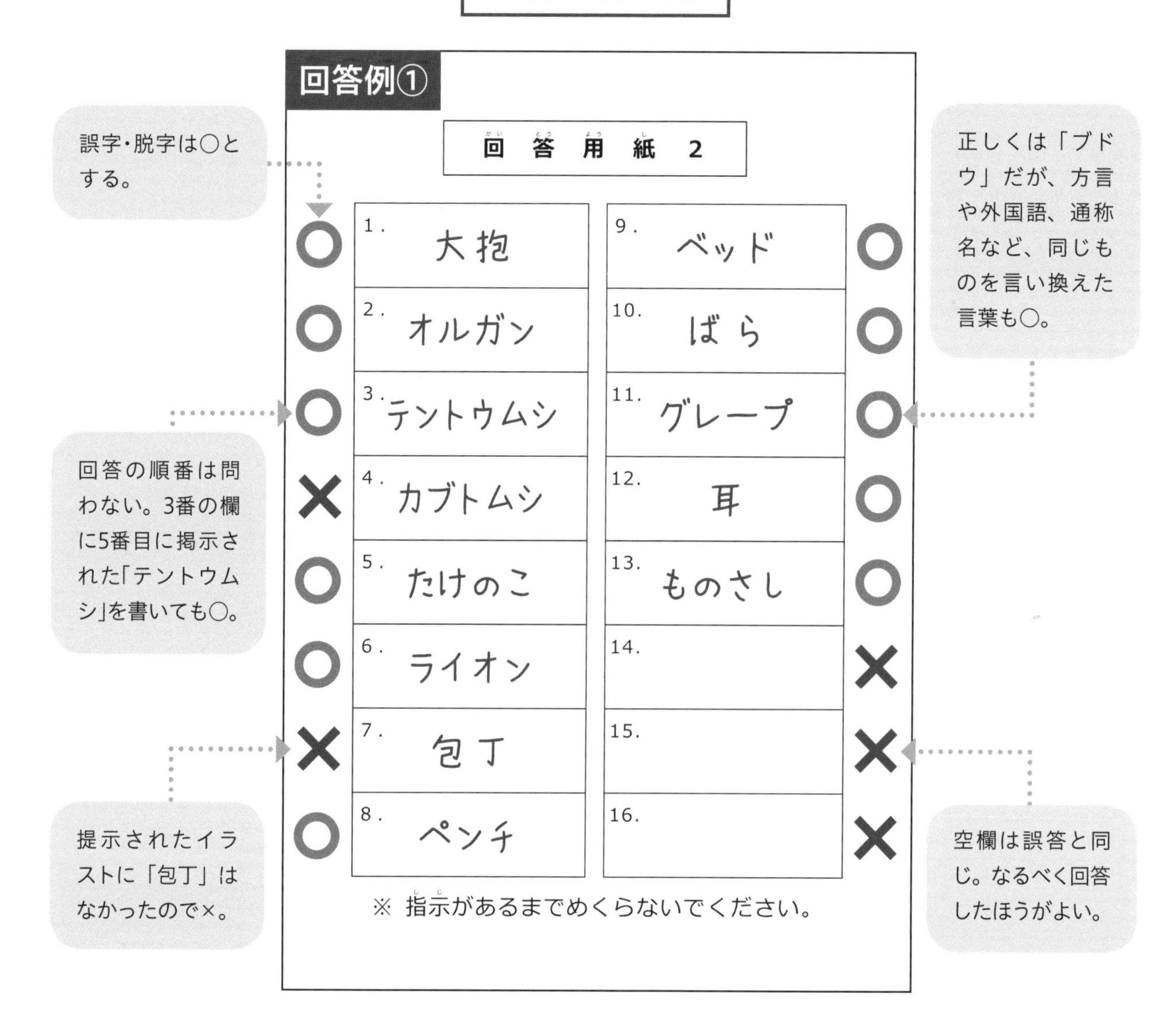

回答例① の場合

ヒントなしでの正答 11 問×２点 ＝ **22 点**

ヒントなしの採点で８問以上正答すれば、その時点で認知機能検査はクリアとなる

採点基準と回答例

検査① 手がかり再生【ヒントありの採点】

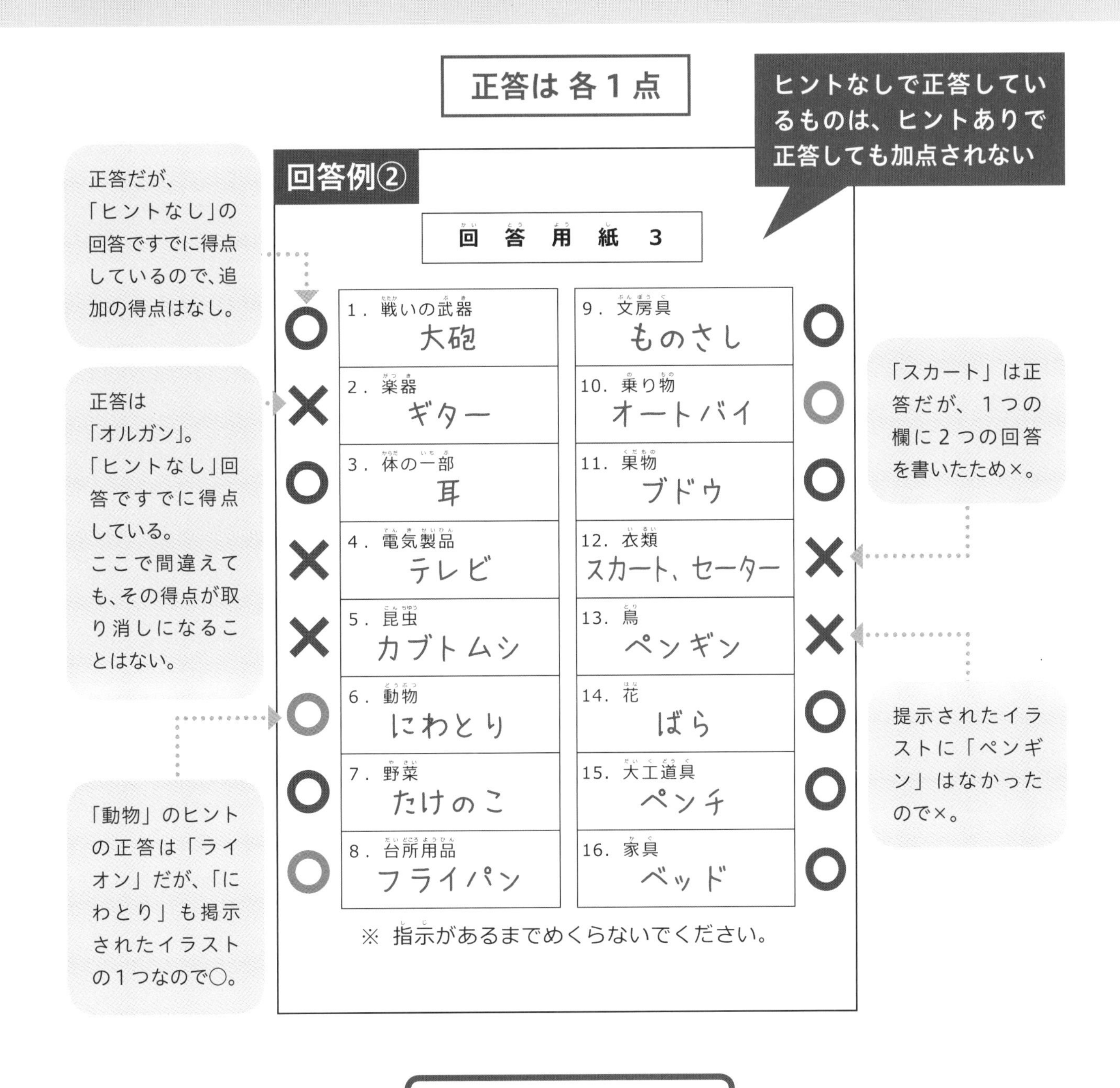

回答例② の場合

ヒントありで初めての正答３問×１点＝ **３点**

■「手がかり再生」の得点は

回答例①の得点 **22点** ＋回答例②の得点 **３点** ＝ **25点** ／32点満点

採点基準と回答例

検査②　時間の見当識の採点

正答は

「年」5点、「月」4点、「日」3点、「曜日」2点、「時間」1点

検査日時が下記の場合の回答例

2023（令和5）年
1月22日
月曜日
13時

回答用紙　4

以下の質問にお答えください。

質問	回答	
今年は何年ですか？	平成 5 年	×
今月は何月ですか？	1 月	○
今日は何日ですか？	日	×
今日は何曜日ですか？	げつ 曜日	○
今は何時何分ですか？	1 時 15 分	○

「令和」を誤って「平成」としたため×。

空欄は誤答扱い。なるべく回答を。

検査開始から30分以上ずれなければ正答。13時から始まった場合は12時31分～13時29分であれば○。

回答例③ の場合

■「時間の見当識」の得点は

4 + 2 + 1 = **7点** ／15点満点

採点基準と回答例

総合点の計算のしかた

総合点は、「手がかり再生」の点数× 2.499 と、「時間の見当識」の点数× 1.336 を合計して算出する。

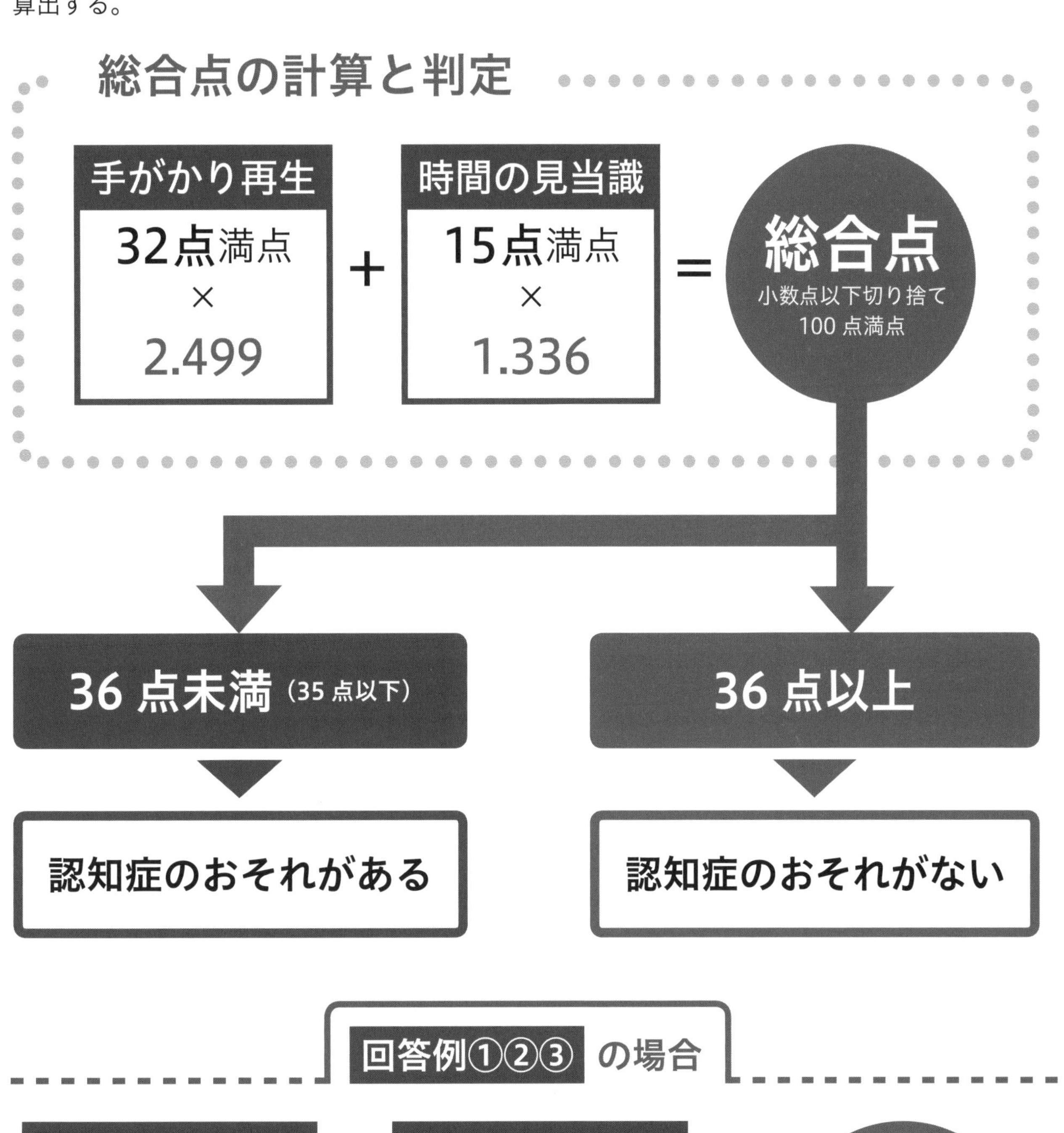

回答例①②③ の場合

回答例①② 手がかり再生		回答例③ 時間の見当識	
25点 ×2.499 ＝62.475	＋	7点 ×1.336 ＝9.352	＝

認知症のおそれがない

検査①手がかり再生で覚えるイラスト

パターンA

これは、
大砲です。
ヒント 戦いの武器

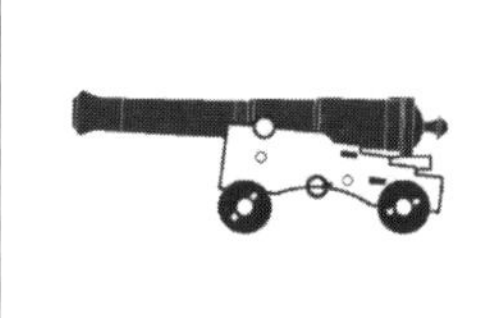

これは、
オルガンです。
ヒント 楽器

これは、
耳です。
ヒント 体の一部

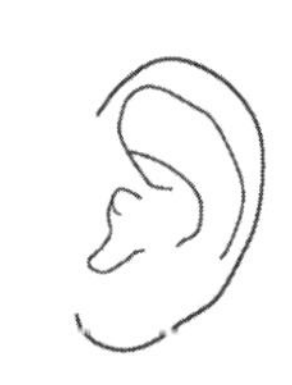

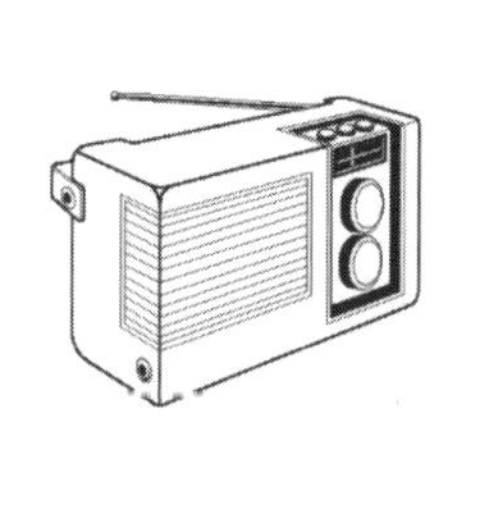

これは、
ラジオです。
ヒント 電気製品

これは、
テントウムシ
です。
ヒント 昆虫

これは、
ライオンです。
ヒント 動物

これは、
タケノコです。
ヒント 野菜

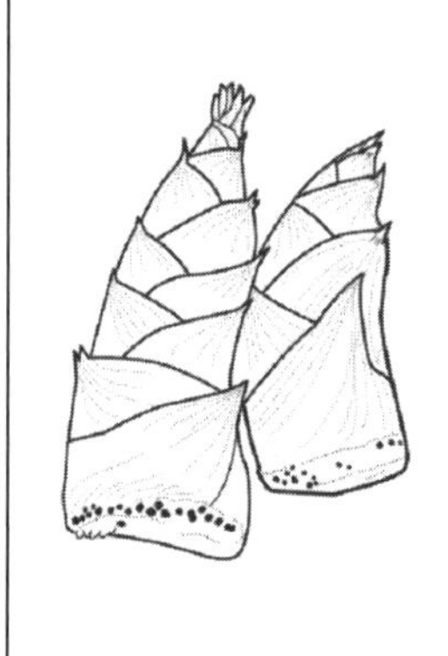

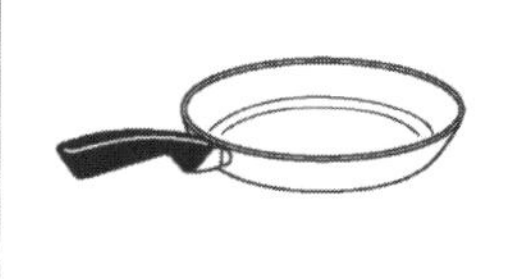

これは、
フライパン
です。
ヒント 台所用品

Point!

イラストの組み合わせはA～Dの4パターンあり、どれか1つがそのまま出題される。
本番でどれを出題されてもいいように、A～Dのイラストに見慣れておこう。

これは、
ものさしです。
ヒント 文房具

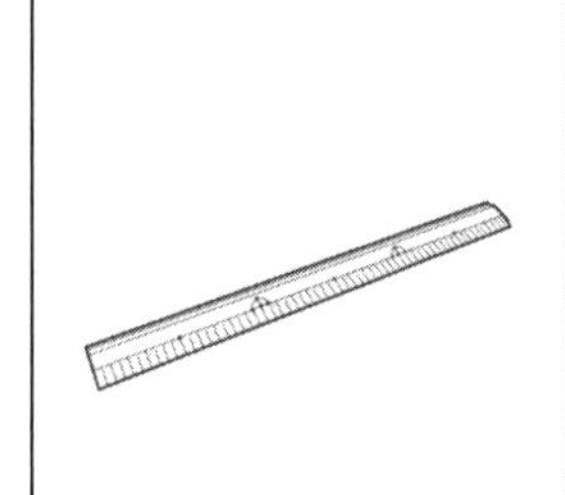

これは、
オートバイです。
ヒント 乗り物

これは、
ブドウです。
ヒント 果物

これは、
スカートです。
ヒント 衣類

これは、
にわとりです。
ヒント 鳥

これは、
バラです。
ヒント 花

これは、
ペンチです。
ヒント 大工道具

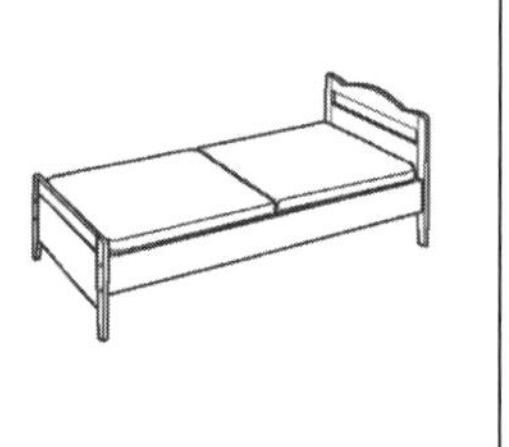

これは、
ベッドです。
ヒント 家具

検査①手がかり再生で覚えるイラスト
パターンB

これは、
戦車です。
ヒント 戦いの武器

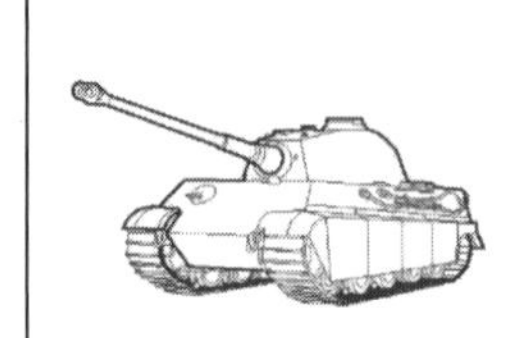

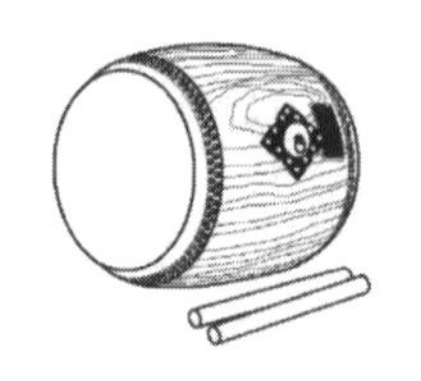

これは、
太鼓です。
ヒント 楽器

これは、
目です。
ヒント 体の一部

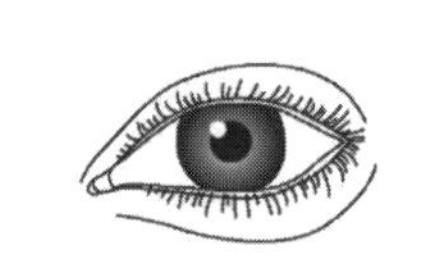

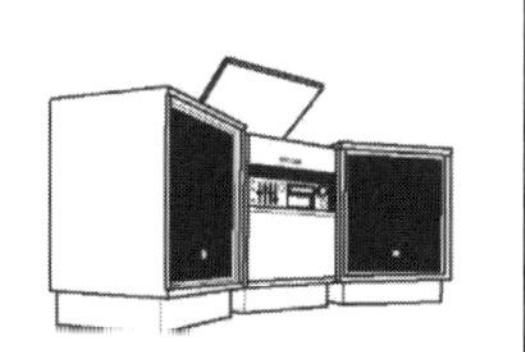

これは、
ステレオです。
ヒント 電気製品

これは、
トンボです。
ヒント 昆虫

これは、
ウサギです。
ヒント 動物

これは、
トマトです。
ヒント 野菜

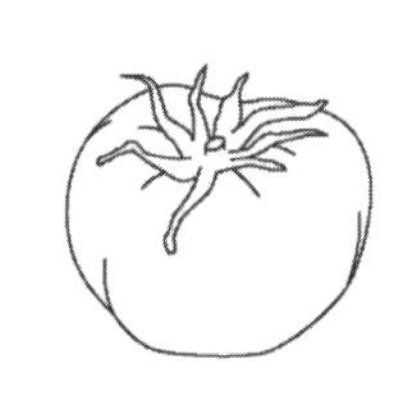

これは、
ヤカンです。
ヒント 台所用品

これは、
万年筆です。
ヒント 文房具

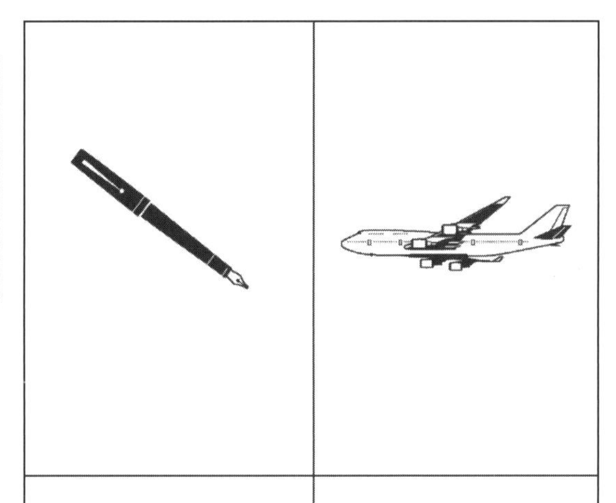

これは、
飛行機です。
ヒント 乗り物

これは、
レモンです。
ヒント 果物

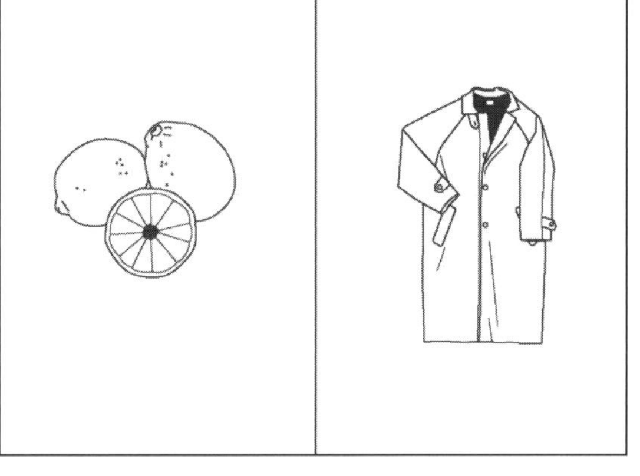

これは、
コートです。
ヒント 衣類

これは、
ペンギンです。
ヒント 鳥

これは、
ユリです。
ヒント 花

これは、
カナヅチです。
ヒント 大工道具

これは、
机です。
ヒント 家具

検査①手がかり再生で覚えるイラスト
パターンC

これは、
機関銃です。
ヒント　戦いの武器

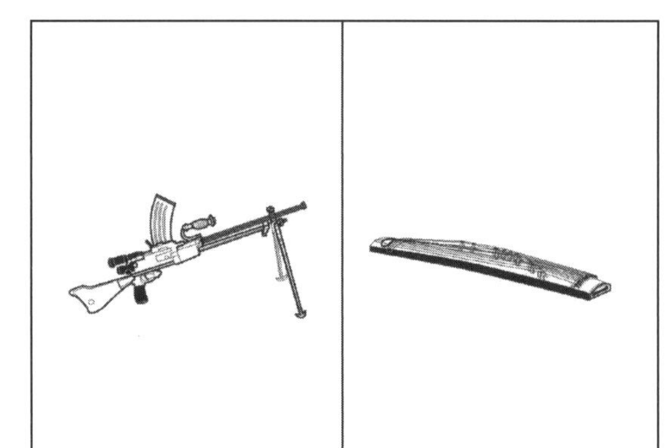

これは、
琴です。
ヒント　楽器

これは、
親指です。
ヒント　体の一部

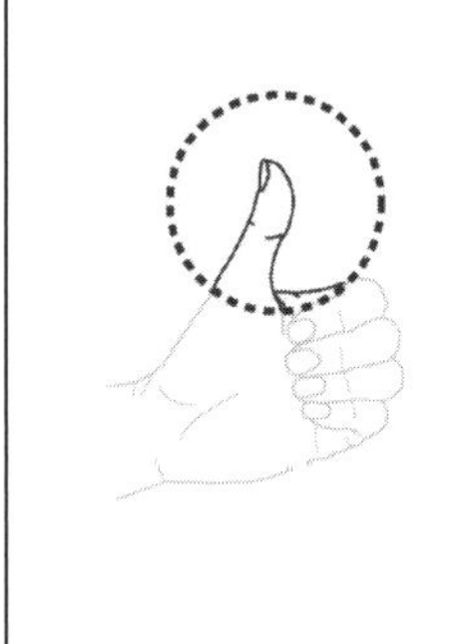

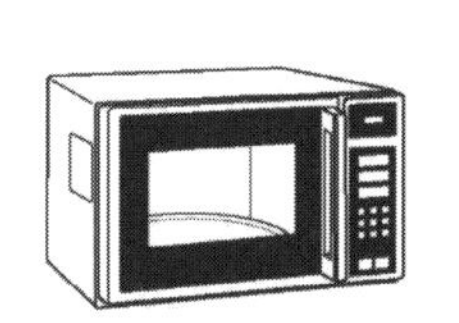

これは、
電子レンジです。
ヒント　電気製品

これは、
セミです。
ヒント　昆虫

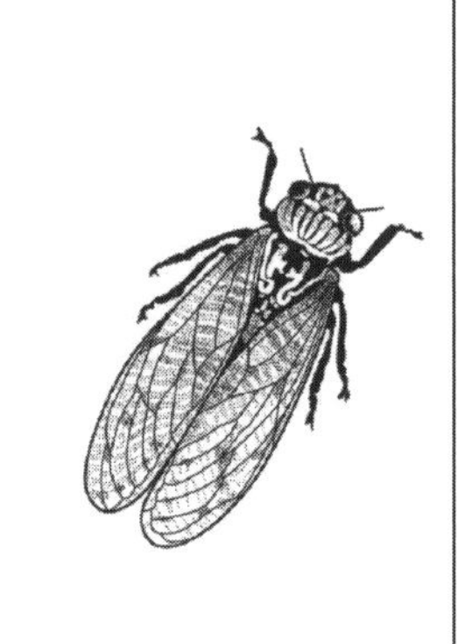

これは、
牛です。
ヒント　動物

これは、
トウモロコシです。
ヒント　野菜

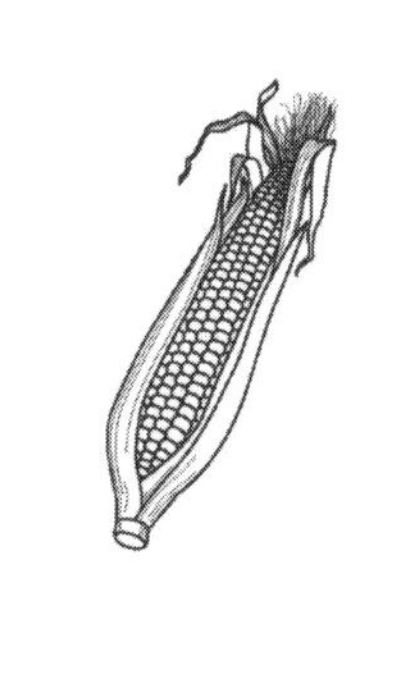

これは、
ナベです。
ヒント　台所用品

これは、
はさみです。
ヒント 文房具

これは、
トラックです。
ヒント 乗り物

これは、
メロンです。
ヒント 果物

これは、
ドレスです。
ヒント 衣類

これは、
クジャクです。
ヒント 鳥

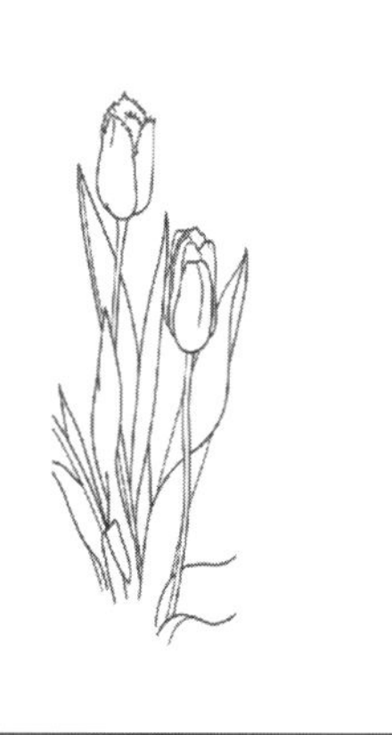

これは、
チューリップ
です。
ヒント 花

これは、
ドライバー
です。
ヒント 大工道具

これは、
椅子です。
ヒント 家具

検査①手がかり再生で覚えるイラスト
パターンD

これは、
刀です。
ヒント 戦いの武器

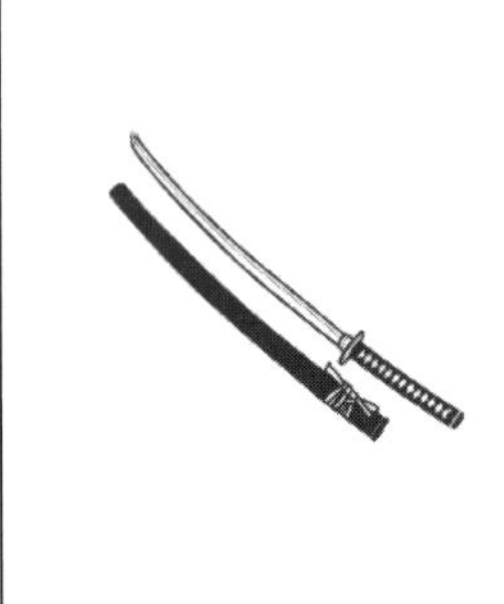

これは、
アコーディオン
です。
ヒント 楽器

これは、
足です。
ヒント 体の一部

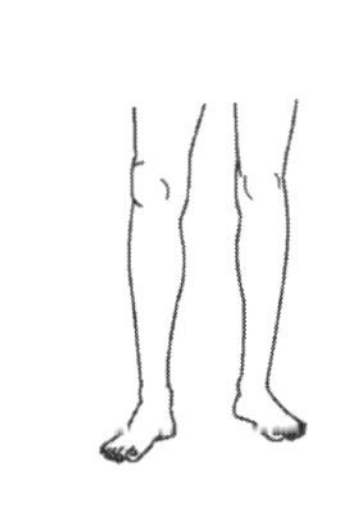

これは、
テレビです。
ヒント 電気製品

これは、
カブトムシ
です。
ヒント 昆虫

これは、
馬です。
ヒント 動物

これは、
カボチャです。
ヒント 野菜

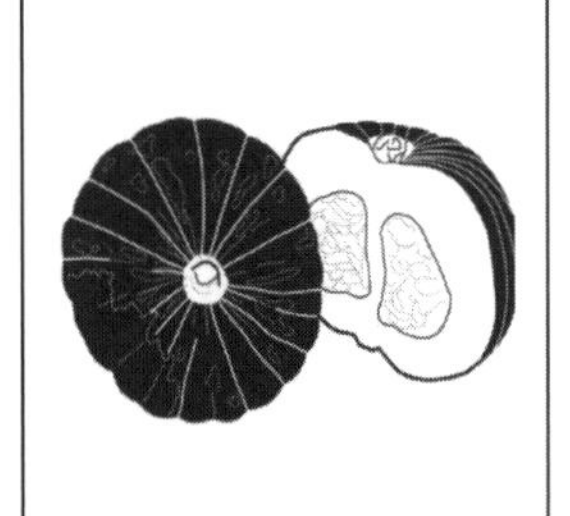

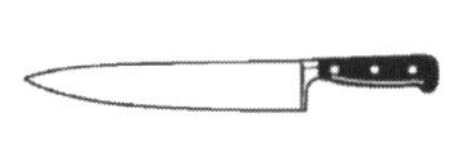

これは、
包丁です。
ヒント 台所用品

これは、
筆です。
ヒント 文房具

これは、
ヘリコプター
です。
ヒント 乗り物

これは、
パイナップル
です。
ヒント 果物

これは、
ズボンです。
ヒント 衣類

これは、
スズメです。
ヒント 鳥

これは、
ヒマワリです。
ヒント 花

これは、
ノコギリです。
ヒント 大工道具

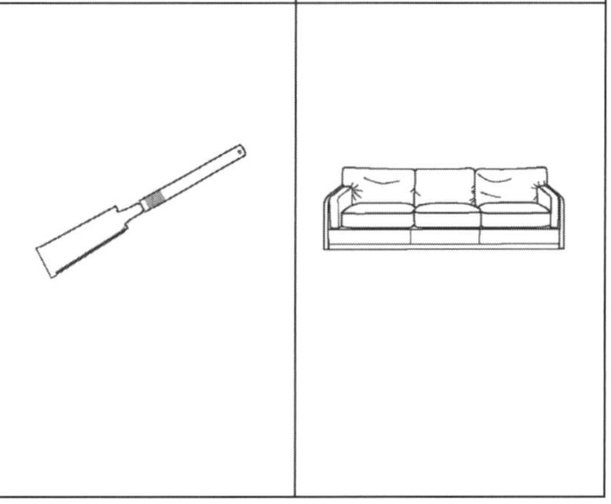

これは、
ソファーです。
ヒント 家具

高齢者講習では何をするの？

高齢者の特性を踏まえた3種類の講習を受ける

認知機能検査で「認知症のおそれなし」と判定された人、医師に認知症でないと認められた人は、高齢者講習に進む。認知機能検査と同様に、自動車教習所等に予約を取ろう。

講習の内容は「講義」「運転適性検査」「実車指導」の3種類で、時間は全部で2時間ほど。

機能低下を自覚して安全運転に役立てよう

講義では、交通事故の実態や安全運転の心構え、道路交通法の改正点などを学ぶ。他にも、加齢に伴う認知機能と身体機能の変化に応じた安全運転の方法や、高齢運転者に多い事故原因に対する危険予測や回避方法、サポートカー限定免許等の高齢者支援制度など、高齢運転者が知っておきたい内容となっている。

運転適性検査では、視野や視力を検査し、加齢に伴う機能低下が運転に影響を及ぼすことの説明を受ける。

実車指導の内容は40・41ページ参照。一定の違反歴のある人が受ける運転技能検査も同じ内容なので、対象者は実車指導が免除される。

高齢者講習の内容

講義
30分

下記内容の講義を受ける。

道路交通の現状と交通事故の実態
(1) 地域における交通事故情勢
(2) 高齢者の交通事故の実態
(3) 高齢者支援制度等の紹介

運転者の心構え
(1) 安全運転の基本
(2) 交通事故の悲惨さ
(3) シートベルト等の着用

安全運転の知識
(1) 高齢者の特性を踏まえた運転方法
(2) 危険予測と回避方法等
(3) 改正された道路交通法令

運転適性検査
30分

器材を使って下記３項目を測定。その結果に応じて、気をつけるべきリスク、安全運転のためのアドバイスを受ける。

①動体視力
前方から時速30kmで近づいてくる指標にいかに素早く反応できるかを検査する。

②夜間視力
明るい状態から突然暗くし、目が慣れるまでの時間を測る。

③視野
上下左右の視野の広さ、見えていないおそれがある箇所を調べる。

Point!
視力や視野が衰えるのは老化現象の一つ。また、目の病気の可能性もある。検査の結果を踏まえて、気になる人は眼科の受診を。

実車指導
1時間

(1) 事前説明
(2) ならし走行
(3) 課題
(4) 安全指導

※二輪・原付・小特・大特のみの運転免許証の人、運転技能検査対象者は免除

高齢者講習の「実車指導」では何をするの？

実際に車を運転し、5つの課題をこなす

高齢者講習の実車指導では、指導員を乗せて実際に車を運転。悪天候などやむを得ない場合は、運転シミュレーターで実施することもある。

まず300mの「ならし走行」を行った後、コース内を走行しながら課題をこなす。課題は「指示速度による走行」「一時停止」「右折・左折」「信号通過」「段差乗り上げ」の5つ。ミスをしても運転免許証更新に影響はなく、より安全に運転するためのアドバイスがもらえる。

いまの運転能力を自覚しアドバイスを生かそう

実車指導の目的は、高齢者が認知機能、運動機能、視覚などの衰えを自覚し、リスクに気づくこと。受講者の中には、加齢とともに運転能力が衰えていることに気づかず、過去の経験から自らの運転を過信している人もいるという。運転ミスや悪いクセを指摘されるのは耳が痛いかもしれないが、アドバイスを前向きに受け入れよう。またペーパードライバーも受講が必要。自分の運転能力を確認する貴重な機会といえる。

実車指導の内容

実車指導で課題を行う前に、指導員から次のような説明がある。

これから、一時停止や信号通過など、いくつかの課題を行っていただきます。それぞれの課題を走行する時だけでなく、全体を通して法令を守った安全な走行を行ってください。

1 走行速度を指示された区間では、指示された速度のプラス・マイナス10km/h以内で走行してください。

2 一時停止の標識がある場合は、必ず停止線の手前で完全に停止してください。ブレーキペダルを踏むだけではなく、車を完全に停止させる必要があります。停止した際には、車の先端が少しでも停止線を越えてしまうことのないようにしてください。

3 右折や左折をする際には、車の一部であっても反対車線に入ってしまうことのないようにしてください。

4 信号は必ず守ってください。赤信号の時は、停止線の手前で完全に停止してください。この際も、車の先端が少しでも停止線を越えてしまうことのないようにしてください。

5 段差乗り上げは、アクセルペダルを踏んで段差に乗り上げた後、すぐにブレーキペダルに踏み換えて停止していただく課題です。段差乗り上げの際には、段差に乗り上げたらすぐにブレーキペダルを踏んで停止してください。

6 他の車などに衝突の危険がある場合には、指導員が補助ブレーキを踏むことなどがあります。そのような交通事故の危険が発生しないよう、課題を走行する時だけでなく、全体を通して安全運転を心がけてください。

Column

2022年5月からの新制度で認知機能検査はここが変わった

	旧制度	新制度
検査内容	「時間の見当識」 「手がかり再生」 「時計描画」	「時間の見当識」 「手がかり再生」
検査方法	ペーパー検査	ペーパー検査 タブレット検査
結果判定	第1分類:認知症のおそれ 第2分類:認知機能低下のおそれ 第3分類:認知機能低下のおそれなし	認知症のおそれがある 認知症のおそれがない

簡素化で自分の検査の点数が分からなくなった

NPO法人高齢者安全運転支援研究会　理事長　岩越和紀

道交法改正に伴い、2022年5月から75歳以上が受ける認知機能検査が簡便化された。上の表の通り、時計描画がなくなり、結果通知も3分類から2分類になった。2025年問題ともいわれる後期高齢運転者の急増という事態には必要な措置と理解はできるが、気になるのは、受けた側の認知機能への自覚のありようだ。

実は自分自身も、この新方式の認知機能検査を2022年9月に受けた。会場は運転免許試験場だったが、新方式のタブレットを使ってのものではなく、まだ紙ベースだった。スクリーンに映される16の絵を覚え、指定された数字にチェックを入れる問題を挟み、その後、覚えた絵の内容を回答用紙に書く。16全てをスムーズに思い出せるはずもなく、後のスクリーンでの回答合わせでは間違いに気づいたりもした。それでも結果は〝認知症のおそれなし〟だった。ホッとする反面、結果通知に点数表示がなく、自分の認知機能は本当に大丈夫なのかと胸のモヤモヤは増すばかり、せめて点数くらいは教えてほしいものだ。

※認知機能検査の結果通知の方法は一律ではない

Part 2

2022年5月にスタート

運転技能検査

一定の違反歴がある人が受検

●受検・受講する自動車教習所等によって内容が異なる場合があるため、詳細は通知書に記載の連絡先に問い合わせを

なぜ運転技能検査を受けるの？

運転技能の低下が死亡事故の大きな原因

高齢ドライバーによる交通事故を減らすために、これまでは認知機能の衰えを確認することに重点が置かれてきた。しかし実際は、認知機能検査の点数が悪くない高齢者も多くの死亡事故を起こしている。事故原因の多くは運転操作のミスであり、その要因として加齢による運転技能の低下が指摘されている。

これを踏まえ、認知機能の状態とは別に、安全運転を期待できる技能が備わっているか、実際にコースを走行してチェックするために導入されたのが運転技能検査だ。

「一定の違反歴」はリスクが高いことの証

運転技能検査を受けるのは、期間内に「一定の違反歴」のいずれかがある人だ。これは、「一定の違反歴」がある人は死亡・重傷事故を起こす確率が高いという調査分析に基づいている。

検査を受ける人は、免許証更新のために合格を目指すとともに、自分が事故を起こすリスクが高いことを意識して一層の安全運転を心がける必要がある。

検査の対象となる 11 の「一定の違反歴」

「一定の違反歴」とされる 11 の違反は、数ある交通違反の中でも特に死亡・重傷事故との関係性が高いものとして抽出されたもの（64 ページ参照）。
更新期間満了日直前の誕生日の 160 日前からさかのぼって過去 3 年間に、これらの違反のいずれかがある人は、運転免許証の更新に際して運転技能検査を受ける必要がある。

1　信号無視
赤信号での交差点進入等

2　通行区分違反
反対車線へのはみ出し、逆走等

3　通行帯違反等
追越車線の通行、路線バス等が接近してきたときに優先通行帯から出ない行為等

4　速度超過
最高速度をこえる速度で運転

5　横断等禁止違反
・他の車両等の交通を妨害するおそれのあるときに横断、転回、後退等をする行為
・道路標識等により横断、転回又は後退が禁止されている場所でのこれらの行為

6　踏切不停止等・遮断踏切立入り
・踏切で直前で停止せずに通過等
・遮断機が閉じようとしているとき等に踏切に入る行為

7　交差点右左折方法違反等
・左折時にあらかじめ道路の左側端に寄らないなど
・環状交差点での右左折時にあらかじめ道路の左側端に寄らないなど

8　交差点安全進行義務違反等
・信号機のない交差点で左方から進行してくる車両の進行妨害等
・優先道路を通行する車の進行妨害等
・交差点進入時・通行時における安全不確認等
・環状交差点内を通行する車両の進行妨害等
・環状交差点進入時・通行時における安全不確認等

9　横断歩行者等妨害等
横断歩道を通行している歩行者の通行妨害等

10　安全運転義務違反
前方不注意、安全不確認等

11　携帯電話使用等
携帯電話を保持して通話しながらの運転等（交通の危険を生じさせた場合を含む）

出典：警察庁発表『改正道路交通法（高齢運転者対策・第二種免許等の受験資格の見直し）の施行に向けた調査研究報告書』（2021 年 3 月）

運転技能検査はいつ受けるの？

免許更新期間満了日の半年前から受検できる

認知機能検査と同様に、運転技能検査も、免許更新期間満了日（更新年の誕生日の1か月後）の6か月前から受検可能になる。満了日の約190日前に通知書が届くので、記載された指示に従い、自動車教習所等に連絡して受検日時を決めよう。都道府県によっては日時と場所が指定されている場合もある。

なお予約を取る際は、実施機関の混雑や不測の事態なども見越して、余裕のあるスケジュールを組み立てよう。

検査の結果が出たら速やかに次の予約を

運転技能検査に合格したとしても、すぐに運転免許証を更新できるわけではない。認知機能検査と高齢者講習を予約・受検・受講して、ようやく更新手続きに進むことができる。認知機能検査ですんなり「認知症のおそれがない」と判定されるとは限らないため、ぎりぎりの進行では更新期間満了日までに更新できなくなるおそれがある。

運転技能検査の結果が分かったら、その日のうちに次のステップの予約を取ろう。

運転技能検査と免許証更新

※検査・講習を受ける順番は一律ではない

運転技能検査の受検が必要な人のみ、認知機能検査（9ページ以降参照）の通知書を受け取るタイミングで通知される（同一の通知書で送付される場合あり）

自宅で通知書を受け取る

運転技能検査を予約する
※日時・場所が指定されている場合あり

6か月間

教習所等で運転技能検査を受検する

受検後に合格・不合格が伝えられ、合格の場合、「運転技能検査受検結果証明書」が交付される

教習所等で認知機能検査、高齢者講習を予約・受検・受講する
※ 12 ページ以降参照

運転免許センター、運転免許試験場、
指定警察署等で免許証の更新手続きをする
※誕生日の１か月前から、 誕生日の１か月後（更新期間満了日）まで

Q 不合格になった場合はどうすればいい？

A 免許証を更新できない。ただし更新期間満了日までなら、何回でも受検を繰り返すことができる。再受検のたびに手数料（標準額）3,550 円が必要。予約さえ取れれば、再受検はいつからでも可能だ。不合格になったら、そのまま教習所等の受付に行き、再受検日を決めてしまおう。

運転技能検査にはどのような課題がある？

課題ごとの減点式で運転技能を評価する

運転技能検査では、「指示速度による走行」「一時停止」「右折・左折」「信号通過」「段差乗り上げ」が課題として設けられ、100点満点からの減点式で採点される。第一種免許であれば、70点以上が合格となる。

コースに出たら常に安全運転の徹底を

車に乗ってコースを走る前に、受検者への事前説明が行われる。不明点がある場合は、遠慮せずに質問しよう。

事前説明の後、検査用の普通自動車の運転席に受検者、助手席に検査員が座り、コースに出る。そしておおむね300mの「ならし走行」が指示され、その後に課題が実施される（課題の順番は実施機関によって異なる）。検査中は「一時停止」「右折・左折」「信号通過」の採点のタイミングを検査員が知らせることはない。また他の教習車もコースを走行しているので注意しよう。

課題終了後には、検査員による安全指導が個別に行われる。自分の運転の問題点が分かる貴重な機会と考えよう。

検査員が使用する運転評価票

別記様式1

運 転 評 価 票（運転技能検査用）

評価日	受検者	検査員	確認者
年　月　日			

実施回数 1回目	実施回数 2回目	課題	減点等の項目	1回目	2回目	点数
	＼	指示速度による走行	課題速度不履行		＼	-10
		一時停止	一時不停止（小）			-10
			一時不停止（大）			-20
		右折	脱輪			-20
			右側通行（小）			
			右側通行（大）			-40
		左折	脱輪			-20
			右側通行（小）			
			右側通行（大）			-40
		信号通過	信号無視（小）			-10
			信号無視（大）			-40
	＼	段差乗り上げ	乗り上げ不適		＼	-20
補助ブレーキ等						-30
□ 時間超過		□ 指示違反	□ 事故			-40

□ 運転技能検査の中止

□ 普通自動車を運転することができる第二種免許保有

点数	点

（メモ）

各課題でどんな減点を受けたかが記入される。なお課題1回につき、減点等の項目は1つのみ。複数の項目に該当しても重複して減点せず、より大きい減点等の項目1つをもって採点を行う。

100点満点中、70点以上が合格となる（第二種免許の場合は80点以上が合格）。

Q 運転技能検査に使用するのは、どんな車？

A 補助ブレーキ等を装備した普通自動車を使用する。検査中はドライブレコーダー等による記録も行われる。現在は教習車もオートマチック式がほとんどのため、マニュアル式で受検したい場合は、事前に実施機関に相談を。

各課題の採点基準は次ページから

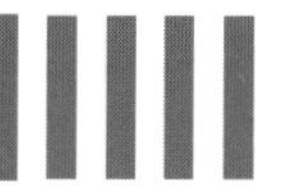

運転技能検査の課題

指示速度による走行

採点基準を確認！

指定された走行区間を、指示された速度で走行することができるかを採点する。

採点回数
1回

検査中の指示あり

OK
（減点なし）

速度指定区間で、指示速度よりおおむね 10km/h 遅い速度に一度は達し、おおむね 10km/h 以上速い速度には一度も達しなかった。

20km/h 以上
40km/h 未満

30

※指示速度が 30km/h の場合の例

必勝!!!ポイント
スピードメーターをよく見よう！

課題速度不履行
－ 10点

指示速度よりおおむね 10km/h 遅い速度に一度も達しなかった。

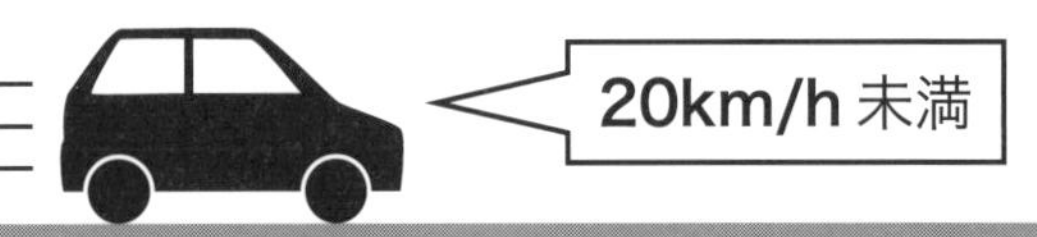

30

※指示速度が 30km/h の場合の例

課題速度不履行
－ 10点

指示速度よりおおむね 10km/h 以上速い速度に一度でも達した。

40km/h 以上

※指示速度が 30km/h の場合の例

MEMO

- 指示速度は実施機関により異なる（30km/h 以上）。
- 走行中、走行区間と指示速度について検査員から指示を受け、課題がスタートする。

運転技能検査の課題

一時停止

道路標識等によって一時停止が指定された交差点で、停止線の手前で確実に停止できるかを採点する。

採点回数 **2回**

検査中に予告なく採点

OK
（減点なし）

道路標識等による一時停止の指定場所で、車体の一部が停止線を越えるまでに停止した。

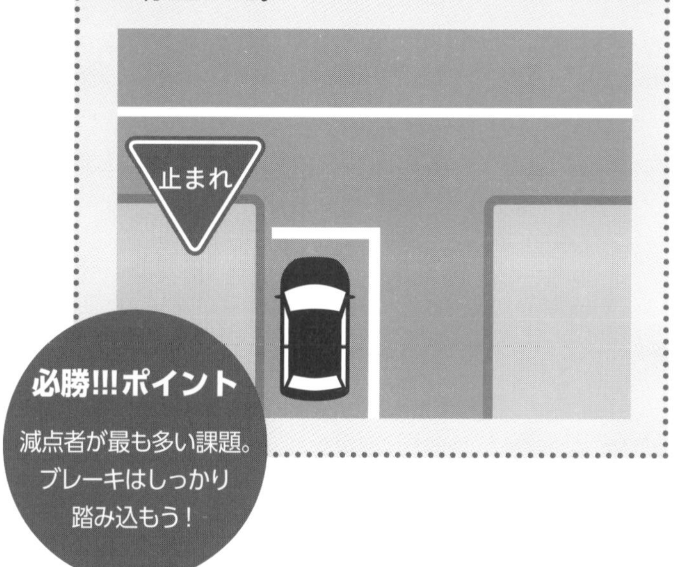

必勝!!!ポイント
減点者が最も多い課題。ブレーキはしっかり踏み込もう！

一時不停止（小） －10点

車体の一部が停止線を越えるまでに停止しなかったものの、交差道路の側線を延長した線を越えるまでには停止した。

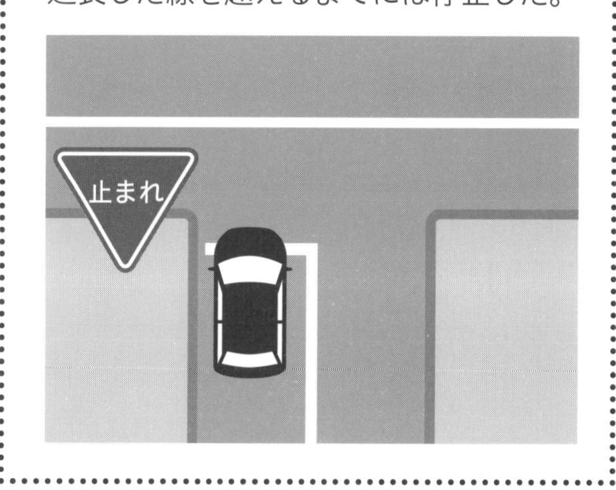

一時不停止（大） －20点

車体の一部が停止線を越えるまでに停止せず、かつ、交差道路の側線を延長した線を越えるまでに停止しなかった。

MEMO

- 「車体の一部」とは、車体の最も先端の部分のこと。
- 「停止線を越える」とは、停止線の最も交差点寄りの部分を越えた場合をいう。
- 「交差道路の側線を延長した線を越える」とは、これから交差する道路の路端を延長した線を越えた場合をいう。

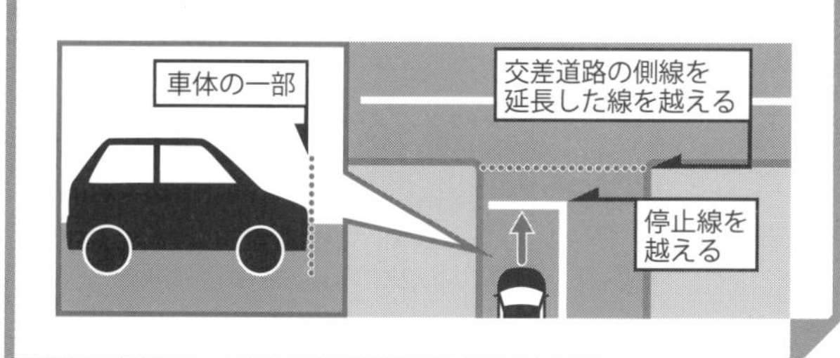

運転技能検査の課題

右折・左折

交差点での右左折時に、車体が道路の中央線から右の部分にはみ出したり、縁石に車輪を乗り上げたり脱輪したりしないかを採点する。

採点回数
右折 2 回 左折 2 回

検査中に予告なく採点

OK
（減点なし）

車体が道路の中央線から右の部分にはみ出さず、かつ縁石に車輪を乗り上げたり、コースから車輪が落輪したりせず通行した。

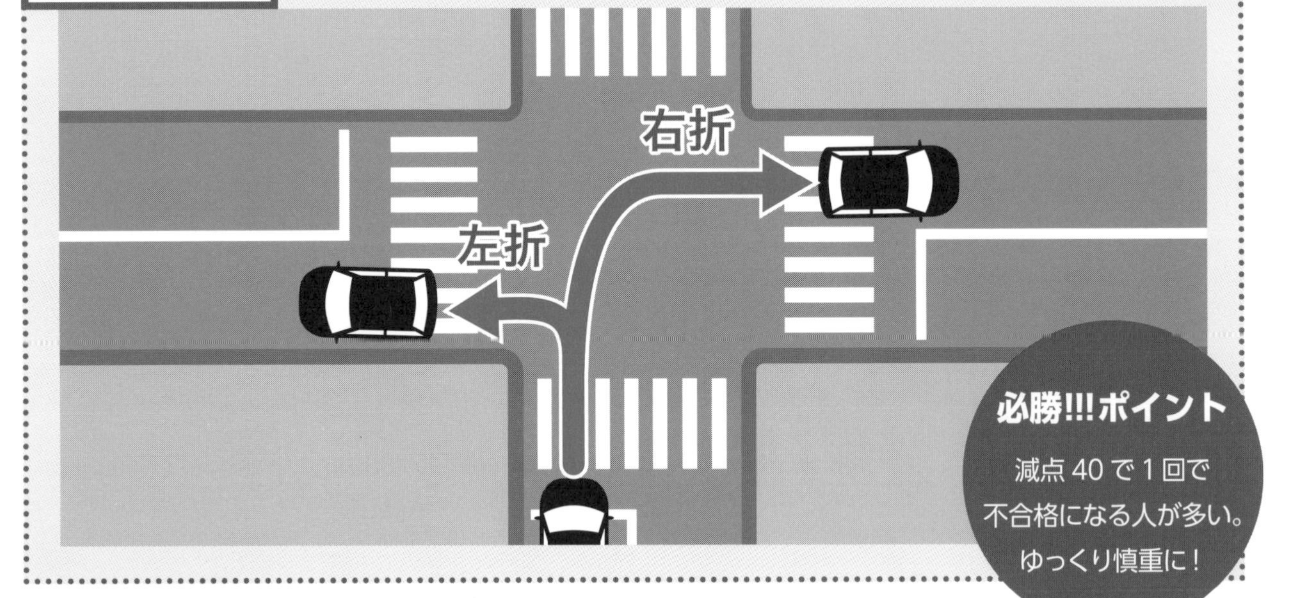

必勝!!!ポイント
減点 40 で 1 回で不合格になる人が多い。ゆっくり慎重に！

右側通行（小）
－ 20 点

車体の一部が、道路の中央線から右の部分にはみ出して通行した。

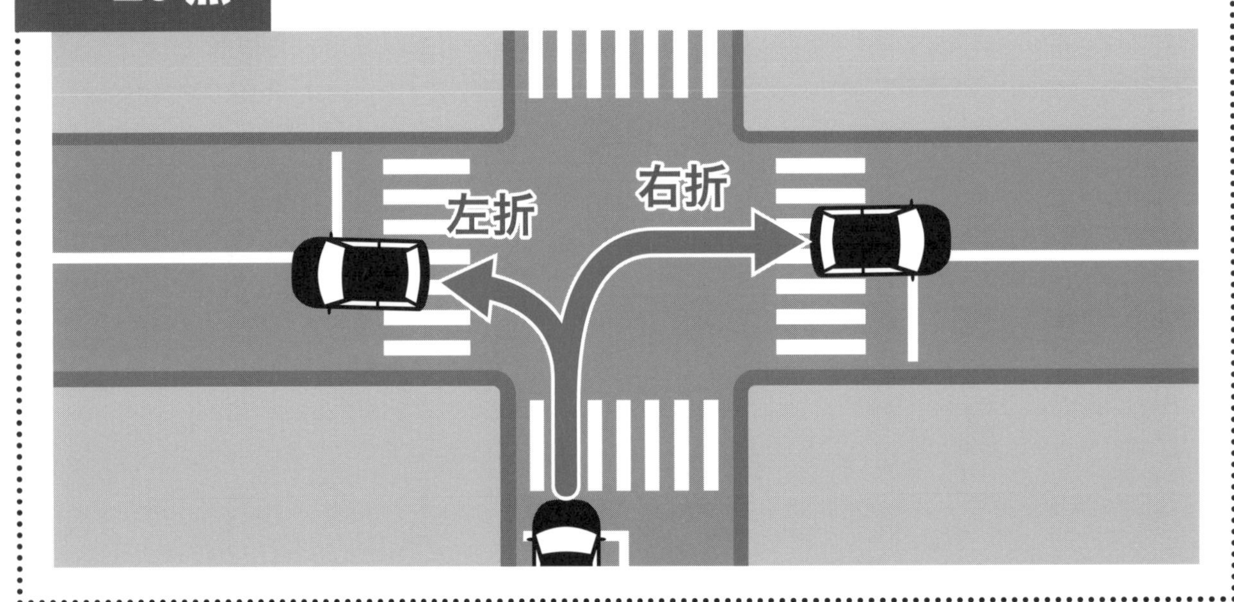

右側通行（大）
－40点

車体の全部が、道路の中央線から右の部分にはみ出して通行した。

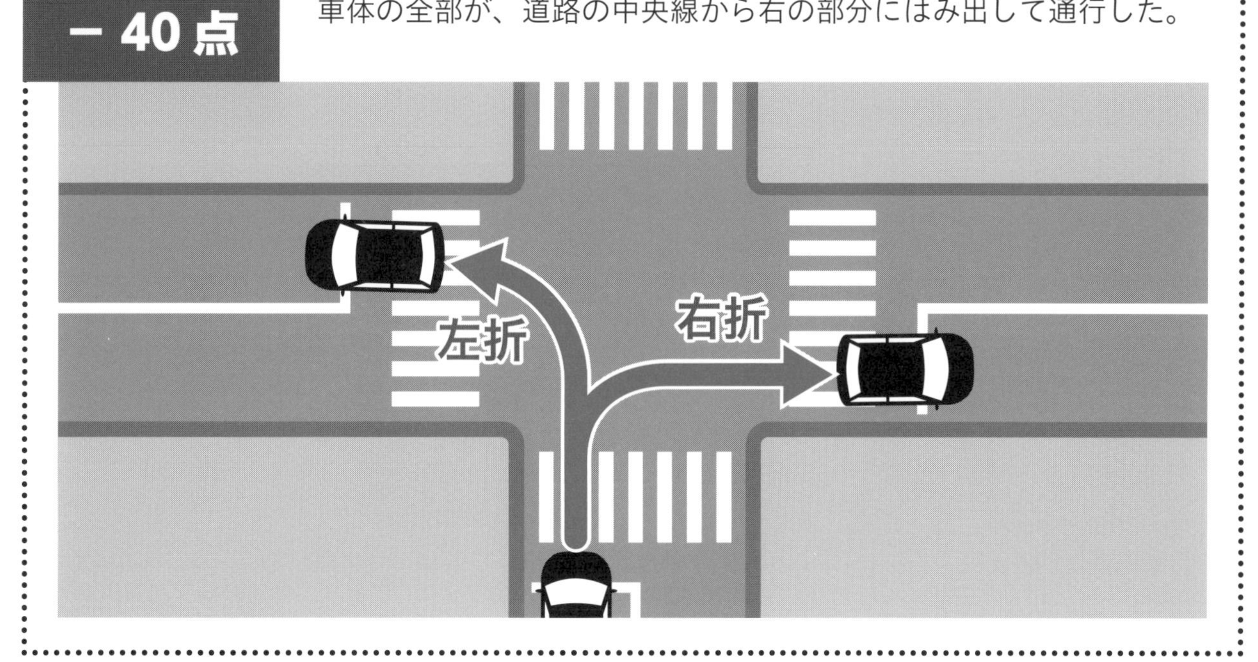

脱輪
－20点

縁石に車輪を乗り上げ、またはコースから車輪が落輪した。

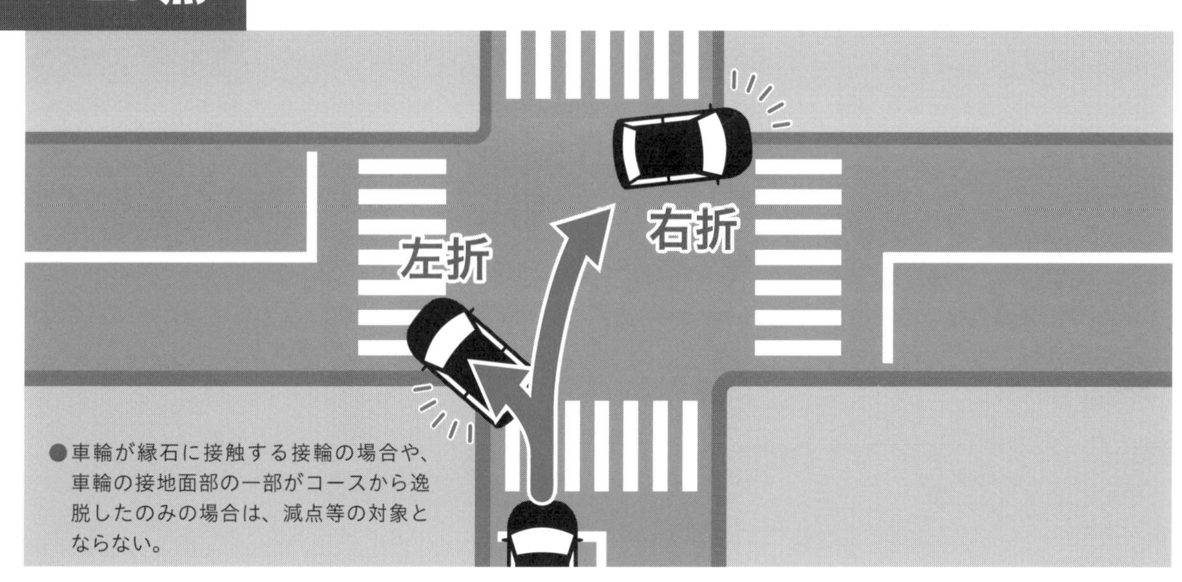

MEMO

●右折を開始する前に道路の中央線から右にはみ出した場合（図1）についても、「右側通行（小）」または「右側通行（大）」の減点を行う。

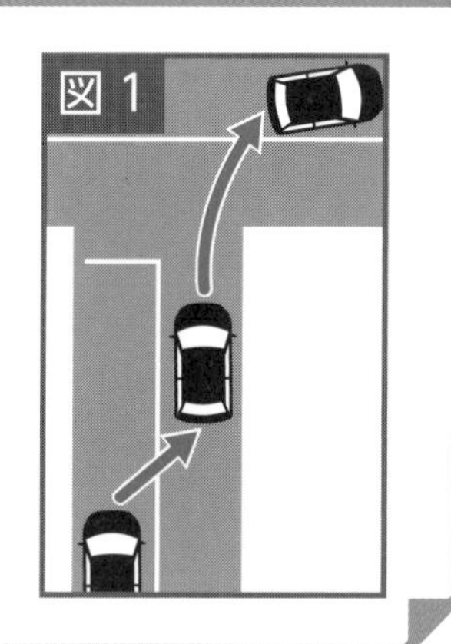

●「車体」とは、車両からドアミラーを除いたもの（図2）。

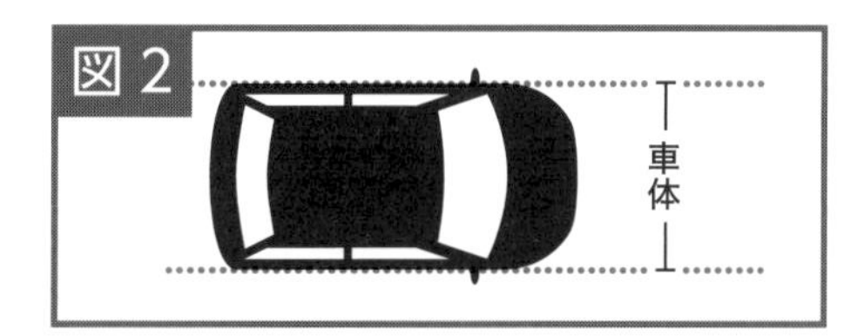

運転技能検査の課題

信号通過

交差点を走行する際に、赤色信号の表示に従って、停止線の手前で確実に停止できるかを採点する。

採点回数
2回

検査中に予告なく採点

OK
（減点なし）

赤色信号が表示されているときに、車体の一部が停止線を越えるまでに停止した。

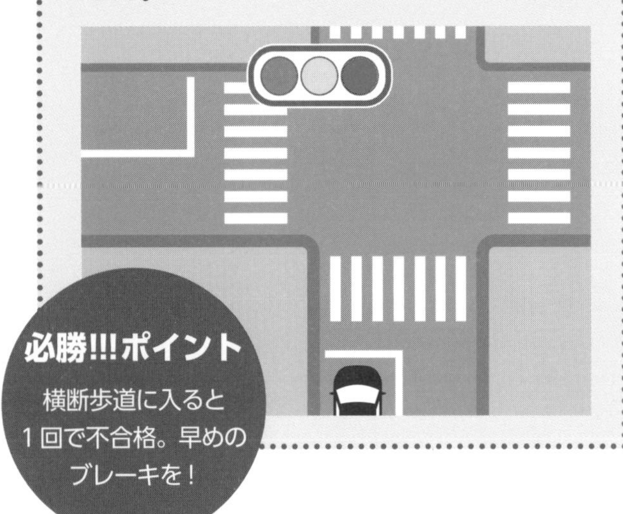

必勝!!!ポイント
横断歩道に入ると1回で不合格。早めのブレーキを！

信号無視（小）
－10点

車体の一部が停止線を越えるまでに停止しなかったものの、横断歩道に入るまでには停止した。

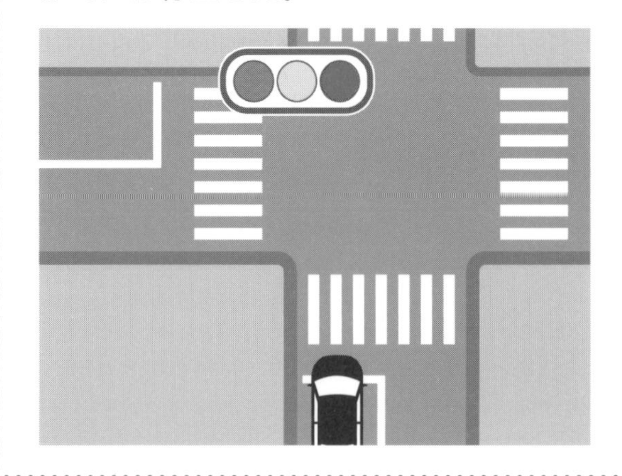

信号無視（大）
－40点

車体の一部が停止線を越えるまでに停止せず、かつ、横断歩道に入るまでに停止しなかった。

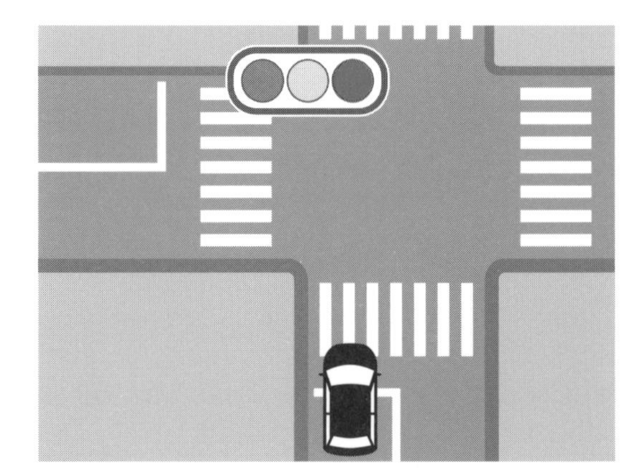

MEMO

- 「車体の一部」とは、車体の最も先端の部分のこと。
- 「停止線を越える」とは、停止線の最も交差点寄りの部分を越えた場合をいう。
- 「横断歩道に入る」とは、車体の最も先端の部分が、横断歩道上にかかった場合をいう。
- 「赤色信号が表示されているとき」とは、車体の一部が停止線を通過するときに赤色信号が表示されていることをいう。
- 黄色信号または赤色点滅信号が表示されているときに、停止線手前で安全に停止することができたにもかかわらず、車体の一部が停止線を越えて停止した場合は、減点等の対象とならない。

運転技能検査の課題

段差乗り上げ

アクセルペダルを操作して段差に乗り上げた後、直ちにブレーキペダルに踏み換えて停止することができるかを採点する。

採点回数
1 回

検査中の指示あり

OK（減点なし）

段差に乗り上げて停止した際、タイヤの中心から垂直に路面と交わる点から段差の端までの距離が、おおむね 1m を超えなかった。

必勝!!!ポイント
慣れないとなかなか乗り上げられない。思いきりをよくしよう！

乗り上げ不適
－20点

停止した際、タイヤの中心から垂直に路面と交わる点から段差の端までの距離が、おおむね 1m を超えた。

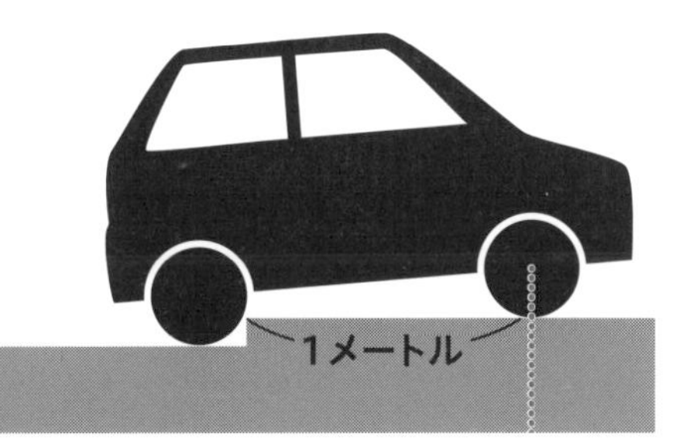

乗り上げ不適
－20点

段差に乗り上げることができなかった。

MEMO

● 検査員が段差まで案内し、段差に両方のタイヤが当たるところで一旦停止してから始められる。制限時間は決まっていないが、あまり時間がかかると減点になる。

運転技能検査の課題

補助ブレーキ等

検査中、衝突等の危険を避けるために検査員が補助ブレーキを踏むなどした時は 30 点の減点。

補助ブレーキ等
－ 30 点

- 衝突等の危険を回避するため、検査員等がハンドル、ブレーキ等の操作を補助した。
- 危険を回避するために安全運転支援装置が作動してアクセル、ブレーキまたはハンドルの操作が行われた。

MEMO

- 他の課題の減点等にも該当する場合は、より大きい減点等が適用される。
- 補助ブレーキの操作等が行われても、衝突等の危険があると認められない場合や、衝突等の危険が生じた原因が他の車にある場合は、減点にはならない。

Q 検査中、合格基準に達しないことが明らかになったら？

A 原則、全ての課題が終了するまで検査は続行される。ただし大幅な時間超過や事故などがあった場合、検査員は検査を中止することができる。

運転技能検査受検結果証明書とは

運転技能検査の成績が70点以上だった場合、「運転技能検査受検結果証明書」が交付される。この証明書は、免許証更新の申請書に添付する必要があるため、大切に保管しておくこと。なお、運転技能検査の成績が70点未満だった場合も、希望すれば「運転技能検査受検結果証明書」の交付を受けることができる。ただし70点未満の証明書では、免許証更新手続きを進めることができないため、速やかに再受検の予約を取ろう。

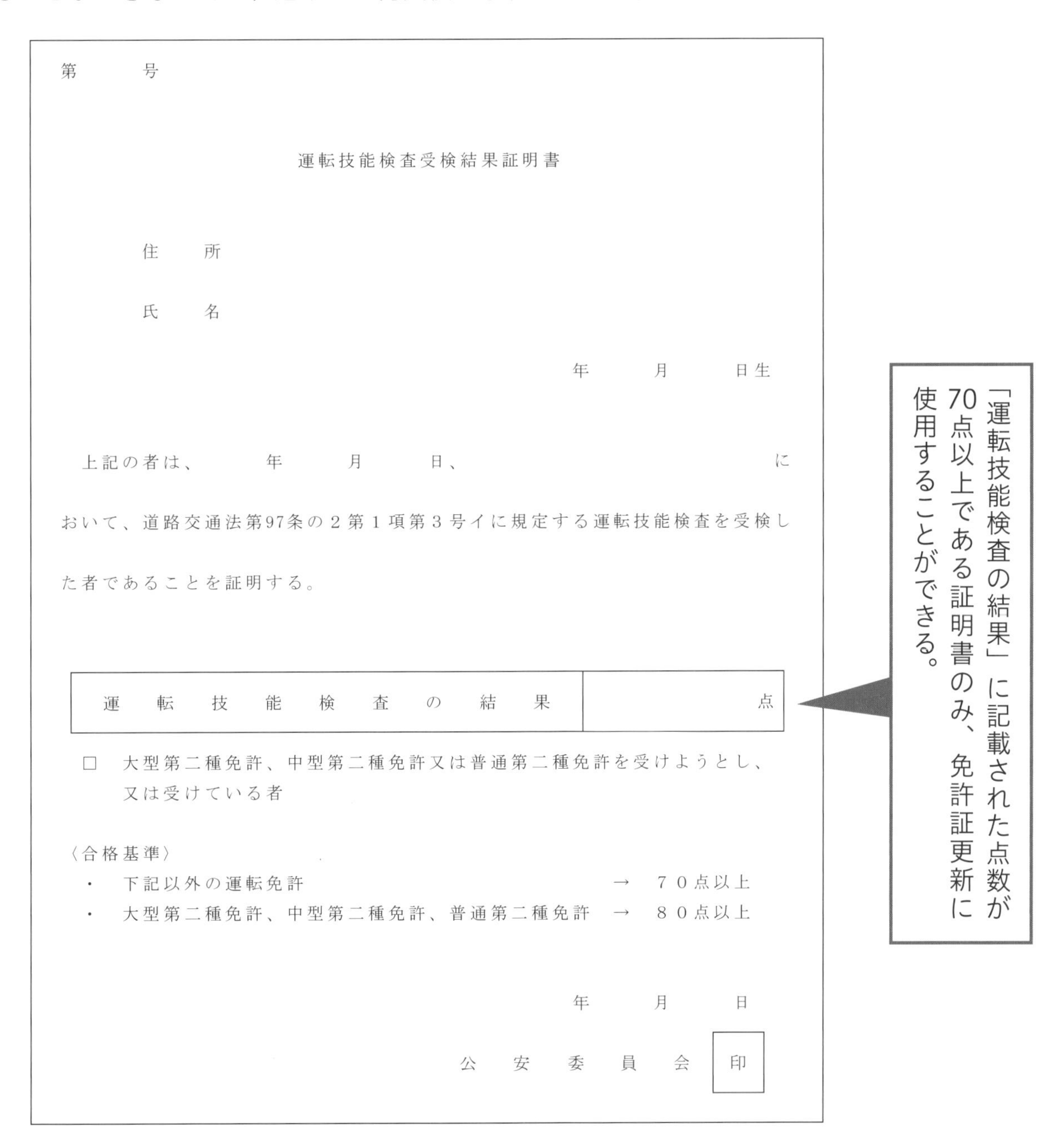

第　　号

運転技能検査受検結果証明書

住　所

氏　名

年　月　日生

上記の者は、　年　月　日、　　　に

おいて、道路交通法第97条の２第１項第３号イに規定する運転技能検査を受検した者であることを証明する。

運転技能検査の結果	点

□ 大型第二種免許、中型第二種免許又は普通第二種免許を受けようとし、又は受けている者

〈合格基準〉
・ 下記以外の運転免許 → ７０点以上
・ 大型第二種免許、中型第二種免許、普通第二種免許 → ８０点以上

年　月　日

公安委員会　印

Q 「運転技能検査受検結果証明書」を紛失した場合は？

A 運転技能検査を実施している教習所等は、受検者が証明書を紛失した際には再交付できるようにしている。検査を受けた教習所等に問い合わせよう。

実際のコースで運転技能検査を体験

落第しないための必勝法

運転には慣れていても、合否のある検査となれば緊張は避けられない。検査を無事にクリアするには、どのような点に気をつければよいのか。高齢ドライバーの視点で調査すべく、75歳の岩越和紀氏が実際の手順に則って運転技能検査を体験してみた。

岩越和紀（いわこしかずのり）

NPO法人 高齢者安全運転支援研究会 理事長
1947年生まれ。『JAF Mate』編集長、社長を経て2014年より現職。ドライバーの高齢化に伴う問題、認知機能と運転に関する調査、研究を進め、現在もフィールドワークを続ける。『JAF Mate』に「高齢ドライバーのヒヤリハット」を連載中。

取材協力
八尾自動車教習所（大阪府八尾市）
https://www.yaokyo.net/

教習所に到着

50数年前、運転免許証の取得に通った緊張感がよみがえる。なぜか一瞬、「車に乗る時は後方の安全確認をオーバーアクションで」を思い出した。検査に役立つはずもない情報だが、緊張感ゆえか。

受付にて

新型コロナ対策のアクリル板で受付の人の声が聞きづらい。補聴器等を使う人は調整を。事前にそろえた必要書類はひとまとめにして持ち歩く。運転用の眼鏡も忘れずに。この後、別室で課題の実施方法などの事前説明を受ける。

発車前の準備

検査用の車の運転席に座ったら、ハンドル、ペダル、ミラー類の調整を入念に。シート調整では、ハンドルの頂点を持って腕が伸び切らない位置、ブレーキをしっかり踏んで、脚が伸び切らない位置に合わせよう。

指示速度による走行

指示速度のプラス・マイナス 10km /h 以内で走行する。

この教習所のコースでの指示速度は時速35㎞。教習所の空間は狭い感じがするが、意外と広い。直線距離も約200mはある。普通の加速でも時速35㎞は出せるが、ここは一気に上げて、早くラクになろう。じわじわ行くと、なかなか上がらないスピードメーターに焦ることにもなる。また、急加速に慣れていない我々はオーバースピードになりがちなことも。メーターの上がっていく速度に注意して、時速35㎞を指したら即アクセルを離す。

ここがポイント

最初は感覚だけで指示速度まで上げる難しい課題と勘違いしていたが、メーターを確認しながらの運転で構わない。スピードを上げるので他の教習車の動きにも注意。先行車や壁にぶつかりそうになって検査員に補助ブレーキを踏まれれば、一発で30点減点になる。周りへの目配りを忘れずに。

先行車に注意して一気に加速を

指示速度は教習所等のコースごとに決められている

減点を避ける 実践アドバイス

同じ速度をキープする必要はない。指示速度に達したら、すぐにアクセルを離そう。

課題2 一時停止

一時停止の標識がある場合は、必ず停止線の手前で完全に停止する。

一時停止は、簡単そうで意外と難しい課題。要は「止まったつもり」をなくすことだ。交差点に近づくと誰でもスピードを落とす。停止線を見ればなんとなく、止まったつもりになる。この曖昧さが墓穴を掘る。それまで走ってきた感覚からすれば、極端にスローな状態は止まっているとの勘違いも生むが、タイヤが少しでも動いていれば、停止ではない。しっかりタイヤを止めるつもりでブレーキを踏み切る。

まずは一時停止の標識を見落とさないこと

停止線を越えてはいけないのはタイヤではなく、車体の一部（先端）であることに注意

ここがポイント

停止線への意識はふだんの運転が問われる。ブレーキを踏んで減速しつつ、運転席窓の先端と停止線が重なったところで止まるよう意識するなど、適切な距離感を見極めよう。

減点を避ける 実践アドバイス

「止まったつもり」は禁物。
しっかりブレーキを踏み込むこと。

右折・左折

右折や左折をする際には、車の一部であっても反対車線に入ってしまうことのないようにする。

正しい右折・左折とは？　少し緊張する課題だ。運転感覚として大切なのは右左折をした先の道路のセンターラインをしっかり意識すること。右折も左折も、センターラインが自分の右側に平行に収まるように意識して回ることで、きれいな右左折になる。ゆっくりで構わない。右折の小回り防止は道路の交差ポイントの直近を意識すればよい。左折の内輪差は、コーナーの先端が自分の肩の位置付近に来た時にハンドルを回せばクリアできる。

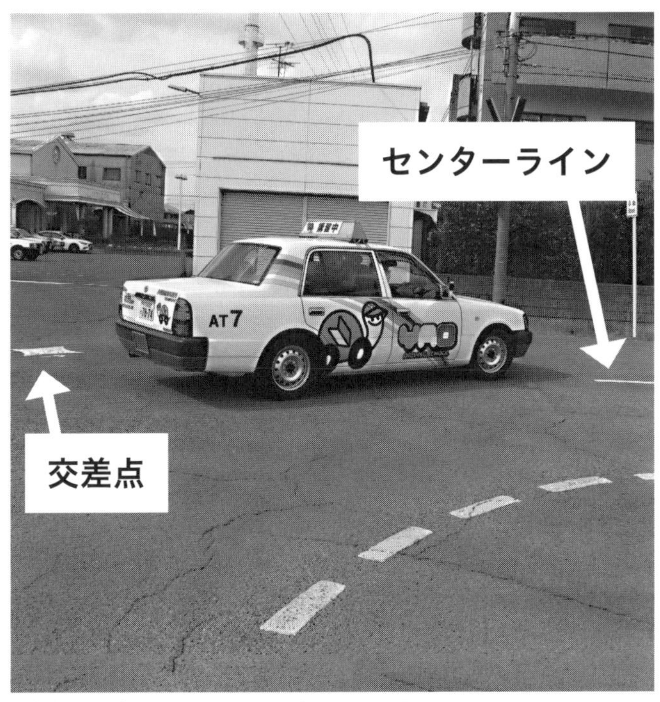

右左折する先のセンターラインをしっかり見る

車体の一部がセンターラインからはみ出すと 20 点減点

ここがポイント

オーバースピードで右左折に入ると、交差側の道路の道幅はより狭く感じ、左折の大曲がりや右折の小回りの原因にもなる。交差点に近づく前に速度を抑える。

減点を避ける

実践アドバイス

センターラインが自分の右側に平行に収まるようにしっかり意識すること。

信号通過

赤信号の時は、停止線の手前で完全に停止する。車の先端が少しでも停止線を越えてしまうことのないようにする。

「試験場で信号機の見落としなどするはずがない」と考えたいが、課題を順次クリアすることに頭がいっぱいの状態で運転に集中すると、まさかが起こる。当たり前だが、信号機は交差点に付いている。ただ、全ての交差点に付いているわけではない。交差点に差しかかった時、タイミング悪く黄色になってしまった。さーどうする。車の先端が停止線を越えていたらそのまま通過、停止線の手前なら急ブレーキでも止まろう。

赤信号では停止線を越える前に止まること

たとえ青信号でも、衝突しそうな場合などは「補助ブレーキ等」で30点の減点対象になる

ここがポイント

乗車前の事前説明で、信号のある交差点を覚えたつもりでも、検査でぐるぐる回っているうちに分からなくなる。視線をなるべく上にして、青・黄・赤の色を見逃さないように。

減点を避ける

実践アドバイス

視線を上げて、早めに信号の存在に気づいて
色の変化を予測すること。

課題5 段差乗り上げ

アクセルペダルを踏んで段差に乗り上げた後、すぐにブレーキペダルに踏み換えて停止する。

一番緊張する課題。ふだんではあり得ないシチュエーション。このコースでは車の1m前方にポールが設置され、運転席から見るととても近く感じる。このポールにぶつけてはいけないということで、緊張を強いられる。ただ、トライしてみると少し早めのペダルの踏み換えで、十分間に合った。むしろ、タイヤが縁石に接地した状態から乗り上げるアクセルワークが難しく、ポールを怖がっていては乗り上げられない。自分を信じてしっかり踏み込む。

ここがポイント

縁石に乗り上げるアクセルワークのコツは、「一瞬で強く」がポイント。「じわじわ強く」では、なかなか縁石に乗り上げられないし、焦ることにもなる。

段差に乗り上げた後は1m以内で停止すること
※ポールの有無は会場によって異なる

減点を避ける

実践アドバイス

乗り上げた後のブレーキは十分間に合う。
おそれず、しっかりアクセルを踏み込むこと。

体験を終えて

いつもと違う車、助手席の検査員の目、そして検査のための運転。今回減点はなかったが、やはり緊張した。体験してみれば、検査内容は止まる、曲がる、まっすぐ走るの基本操作だけなので、難しいことはなかったが、これからの自分の運転を安全なものにするために、基本を忠実に守る運転能力をいかに維持するか、新たな刺激となった。

交通ルールを守ることが大原則

75 歳以上の普通免許保有者の違反歴と事故との関係

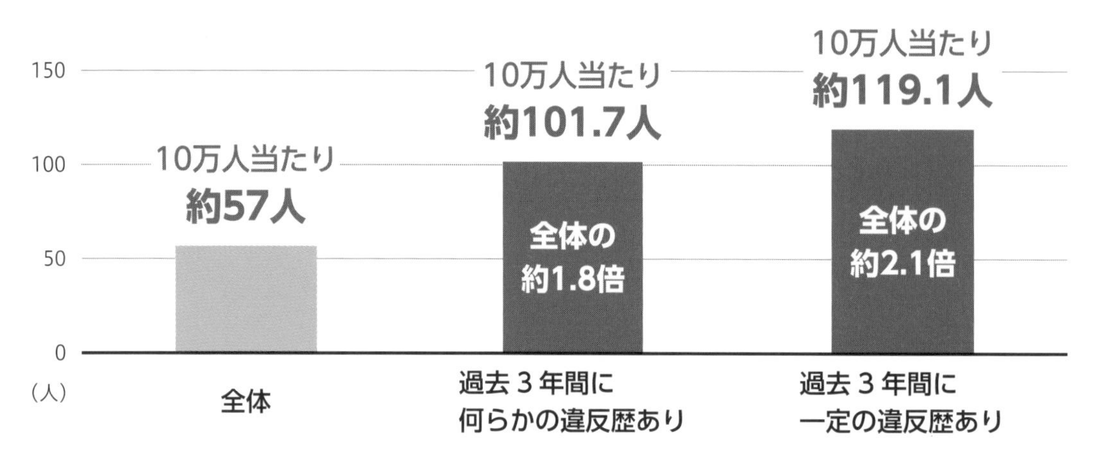

※数値は① 2016 ～ 2018、② 2015 ～ 2017、③ 2014 ～ 2016、④ 2013 ～ 2015、⑤ 2012 ～ 2014 の各期の該当者数の平均

出典：警察庁発表『改正道路交通法（高齢運転者対策・第二種免許等の受験資格の見直し）の施行に向けた調査研究報告書』（2021 年 3 月）

何らかの違反をした人は事故を起こしやすい

75歳以上の運転免許証更新時に運転技能検査が導入されたのは、過去に違反歴のある人は交通事故を起こしやすい傾向があるからだ。

公益財団法人交通事故総合分析センターが保有する違反歴と交通事故データ（2021年発表）によると、75歳以上の普通免許保有者は約483・7万人で、このうち過去3年以内に何らかの違反歴があった人は約82・4万人。それぞれについて、1年間に死亡・重傷事故を起こした人数をみると、免許保有者全体では10万人当たり約57人。対して、違反歴のある人は10万人当たり約102人で、全体の約1・8倍であった。

一定の違反歴には特に注意が必要

違反歴の中でも死亡・重傷事故を起こす確率の高い違反を抽出したものが、運転技能検査の対象となる「一定の違反歴」。これらの違反歴のある人は、死亡・重傷事故を起こした人数が10万人当たり約119人で、全体の約2・1倍となる。

違反歴をつくらないよう、安全運転を常に心がけよう。

「一定の違反歴」の内容と注意点

運転技能検査の対象となる違反歴のある人は、たとえその時は無事故でも、3年以内に死亡・重傷事故を起こすリスクが高い。身体機能や認知機能の衰えが違反を起こしやすくしている可能性もあるため、違反をしたりヒヤリとしたことがある人は、何度も繰り返さないようにより一層の安全運転を心がけよう。

※ 以下の記載の「内容」と「10万人当たりの事故者数」は、警察庁発表『改正道路交通法(高齢運転者対策・第二種免許等の受験資格の見直し)の施行に向けた調査研究報告書』(2021年3月)に記載の調査・分析による
※「10万人当たりの事故者数」は、過去3年間にその違反歴があり、1年間に死亡・重傷事故を起こした人数を10万人当たりに換算したもの

認知機能の衰えにも注意!
「一定の違反歴」の中には、臨時認知機能検査の対象になっているものも多い。この違反をした場合は、免許証更新時の運転技能検査の他に、指定の日時・場所で臨時認知機能検査を受ける必要がある(8ページ参照)。

① 信号無視

内容	赤信号での交差点進入等
10万人当たりの事故者数	133.8人

赤信号を見落としたり止まらず通過してしまうのは、注意力や判断力の衰えが影響している可能性もある。
安全に止まれるにもかかわらず黄色信号で止まらないのも違反行為なので、視野を広く持ち、黄色になったら迷わず止まろう。

●臨時認知機能検査の対象にもなる

② 通行区分違反

内容	反対車線へのはみ出し、逆走等
10万人当たりの事故者数	189.9人

「一定の違反歴」のうち、死亡・重傷事故を起こすリスクが最も高い違反。
運転技能検査でもチェックされるように、右左折の際はセンターラインをオーバーしないように注意しよう。

●臨時認知機能検査の対象にもなる

③ 通行帯違反等

内容	追越車線の通行、路線バス等が接近してきたときに優先通行帯から出ない行為等
10万人当たりの事故者数	115.9 人

通行帯が複数あるときは基本的に一番左側を走ること。右側に出て先行車を追い越したら、速やかに元の通行帯に戻ろう。路線バス等の優先通行帯では、その標識や路線バス等の接近を見落とさないように注意。

④ 速度超過

内容	最高速度をこえる速度で運転
10万人当たりの事故者数	116.8 人

「一定の違反歴」のうち最も該当者が多い違反。高齢になると視野が狭くなり、飛び出しなどへの反応速度もにぶくなる人が多い。法定速度は厳守しよう。

⑤ 横断等禁止違反

内容	【法定横断等禁止違反】 他の車両等の交通を妨害するおそれのあるときに横断、転回、後退等をする行為 【指定横断等禁止違反】 道路標識等により横断、転回又は後退が禁止されている場所でのこれらの行為
10万人当たりの事故者数	114.7 人

右のような標識のある場所では、横断やUターンをしてはならない。対向車線を渡って店舗等に入りたかったり右折したいときは標識をよく確認しよう。

●臨時認知機能検査の対象にもなる

⑥ 踏切不停止等・遮断踏切立入り

内容	踏切で直前で停止せずに通過等。遮断機が閉じようとしているとき等に踏切に入る行為
10万人当たりの事故者数	109.3人

踏切での事故は列車も巻き込む大事故につながりかねない。違反者は注意力や判断力の低下も疑われる。踏切の手前で必ず一時停止し、安全を確認してから通過すること。

●臨時認知機能検査の対象にもなる

⑦ 交差点右左折方法違反等

内容	【交差点右左折方法違反】 左折時にあらかじめ道路の左側端に寄らないなど 【環状交差点左折等方法違反】 環状交差点での右左折時にあらかじめ道路の左側端に寄らないなど
10万人当たりの事故者数	148.6人

「一定の違反歴」のうち、死亡・重傷事故を起こすリスクが3番目に高い違反。
左折の際はあらかじめ道路の左側に寄って徐行を。右折の際にも、道路のセンターライン付近（一方通行の場合は右側端）に寄ること。交差点に差しかかったら早めに対応を。

●臨時認知機能検査の対象にもなる

⑧ 交差点安全進行義務違反等

内容	【交差点優先車妨害】信号機のない交差点で左方から進行してくる車両の進行妨害等 【優先道路通行車妨害等】優先道路を通行する車の進行妨害等 【交差点安全進行義務違反】交差点進入時・通行時における安全不確認等 【環状交差点通行車妨害等】環状交差点内を通行する車両の進行妨害等 【環状交差点安全進行義務違反】環状交差点進入時・通行時における安全不確認等
10万人当たりの事故者数	131.0人

信号機のない交差点では特に安全確認に気を配ろう。優先道路の標識や道路幅に明らかな差がある場合以外は、左から進行してくる車が優先だ。横断中の歩行者や自転車、右折時の対向車等を見落とさない注意力や判断力が必要。

●臨時認知機能検査の対象にもなる

⑨ 横断歩行者等妨害等

内容	横断歩道を通行している歩行者の通行妨害等
10万人当たりの事故者数	112.2人

横断歩道を渡ろうとしている歩行者や自転車がいる場合は、車は横断歩道手前で一時停止をする義務がある。
横断歩道が見えたら、渡ろうとしている歩行者等がいないかを注意して確認しよう。

●臨時認知機能検査の対象にもなる

⑩ 安全運転義務違反

内容	前方不注意、安全不確認等
10万人当たりの事故者数	140.7人

車を運転する際はハンドル、ブレーキなどを確実に操作し、他人に危害を及ぼさない速度と方法で運転しなければならない。それができなくなると、認知機能の低下も疑われる。
75歳以上の高齢者による死亡事故は自宅から3㎞以内が半数を占めるので※、慣れた道でも緊張感を持って運転しよう。

※出典：警察庁発表『高齢運転者交通事故防止対策に関する調査研究報告書』(2020年3月)

●臨時認知機能検査の対象にもなる

⑪ 携帯電話使用等

内容	携帯電話を保持して通話しながらの運転等（交通の危険を生じさせた場合を含む）
10万人当たりの事故者数	152.1人

歩きスマホは危険だが、運転しながらのスマホはもっと危険。例えば60km/hで走行中、スマホの画面を2秒間見たら、その間に車は約33m進む。着信があっても運転中は対応しないこと。

いまの自分の運転能力をチェックしよう

JAF　エイジド・ドライバー総合応援サイト

JAFでは、運転に関するいまの自分の能力を正しく把握し、能力に応じた運転やトレーニングを続けられるよう「エイジド・ドライバー総合応援サイト（高齢運転者向けウェブトレーニング）」を公開している。

コンテンツ

- ■簡単にできる運転体操
- ■運転にかかわる機能をチェック！
- ■運転にかかわる機能を継続的にトレーニング！
- ■専門家が教えるワンポイント

JAF　エイジドドライバー　検索

https://jaf.or.jp/common/safety-drive/online-training/senior

運転脳チェック11

NPO法人 高齢者安全運転支援研究会では、運転に必要な脳の働きの低下をチェックするツールとして、「運転脳チェック11」をホームページで無料公開している。

画面を見ながら回答すれば、採点結果と点数に応じたアドバイスが表示される。

※「運転脳」は運転に必要な脳の働きを総称する造語（NPOの登録商標）

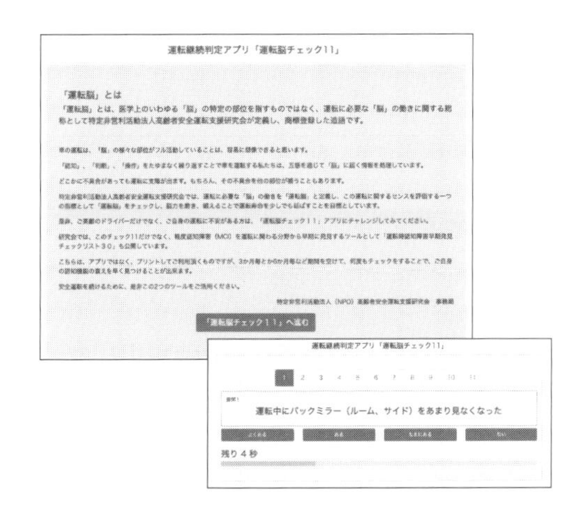

運転脳チェック11　検索

https://sdsd.jp/check11/

新制度「サポートカー限定免許」

安全運転を支援するサポートカー限定の免許

サポートカーとは、先進技術でドライバーの安全運転を支援するシステムが搭載された車のこと。2022年5月に新設されたサポートカー限定免許は、対象となるサポートカーのみを運転できる「サポートカー限定条件」が付与された運転免許証である。

申請できるのは本人のみで、サポートカー限定条件を付与できるのは普通免許のみ。またこの免許で対象外の車を運転した場合、免許条件違反となり罰則が科せられる。

機能を過信せず常に安全運転の心がけを

サポートカーは運転に不安があるドライバーにおすすめできるが、事故が起きないわけではない。その機能にも限界があり、例えば一定以上の速度で走行した場合、装置が適切に作動しないことがある。

サポートカーの安全運転支援装置は、ドライバーが常に周囲の状況を確認しながら必要な運転操作を行うことを前提としている。購入時にはよく説明を聞いて機能や注意点を正しく理解し、過信することなく安全運転を。

サポートカー限定免許で運転できる車両

サポートカー限定免許を持っている人は、下記①②の安全運転支援装置が搭載された普通自動車（サポートカー）のみを運転することができる。後付けの装置は対象外なので要注意。

①衝突被害軽減ブレーキ（対車両、対歩行者）

車載レーダー等により前方の車両や歩行者を検知し、衝突の可能性がある場合には、運転者に対して警報し、さらに衝突の可能性が高い場合には、自動でブレーキが作動する機能。

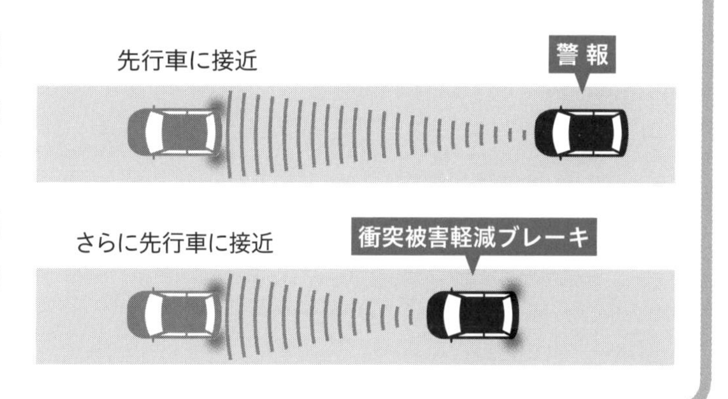

②ペダル踏み間違い時加速抑制装置

発進時やごく低速での走行時にブレーキペダルと間違えてアクセルペダルを踏み込んだ場合に、エンジン出力を抑える方法により、加速を抑制する機能。

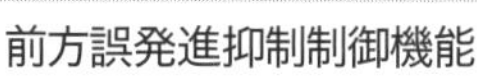
前方誤発進抑制制御機能

後方誤発進抑制制御機能

※①の装置が道路運送車両の保安基準に適合するもの、または①および②の装置（MT 車は①の装置のみ）がそれぞれ国土交通大臣による性能認定を受けているものに限る

Q サポートカー限定免許の対象車両は？

A 警察庁のホームページでメーカー別対象車リストを公開している。車種、メーカー名、型式、車台番号等から確認を。なお対象車両リストは随時、更新される。

警察庁　サポカー限定免許　［検索］

https://www.npa.go.jp/policies/application/license_renewal/support_car.html

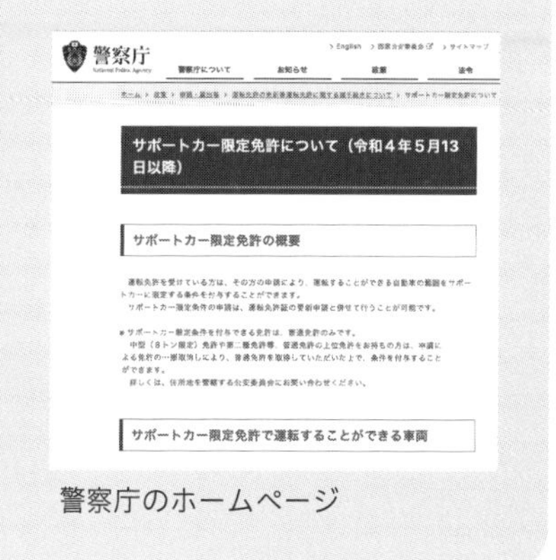

警察庁のホームページ

監修

NPO法人 高齢者安全運転支援研究会

2012年4月発足。一定の年齢を越えた運転者を対象として、医学、心理学、工学等の見地から、高齢化に伴って変容する運転者の判断能力や身体能力に関する諸データ収集と分析等を行い、高齢運転者に即した安全対策のための基礎情報の整備に取り組む。また、自動車技術、社会基盤、社会システム等の道路交通に関係する各分野の組織、団体等と連携し高齢者が安全に運転するための課題等を分析し、改善策等の検討提言に取り組みながら、「高齢者の安全な運転」「高齢運転者の活性化」を目指す。理事長は岩越和紀。

取材協力：八尾自動車教習所

これ一冊で必勝!!!
認知機能検査&運転技能検査

2023年6月　第1版第3刷発行

監修	NPO法人 高齢者安全運転支援研究会
企画・編集	株式会社イーノ 株式会社 JAF メディアワークス
表紙デザイン	菊池千賀子
本文デザイン	みゅう工房（小林里美）
イラスト	伊東ぢゅん子
発行人	日野眞吾
発行所	株式会社 JAF メディアワークス 〒105-0012 東京都港区芝大門 1-9-9　野村不動産芝大門ビル 10 階 電話 03-5470-1711（営業） https://www.jafmw.co.jp/
印刷・製本	共同印刷株式会社

Printed in Japan
ISBN978-4-7886-2395-8